Ernst Probst

HERMANN VON MEYER

Der große Naturforscher
aus Frankfurt am Main

Widmung

*Allen Paläontologen und Paläontologinnen gewidmet,
die mir von 1977 bis heute
bei meinen Artikeln und Büchern geholfen haben!*

Impressum:
Hermann von Meyer
1. Auflage als Print-Buch: September 2019
Autor: Ernst Probst
Im See 11, 55246 Mainz-Kostheim
Telefon: 06134/21152
E-Mail: ernst.probst (at) gmx.de
Herstellung: Amazon Distribution GmbH, Leipzig
Alle Rechte vorbehalten
ISBN: 978-1-693-79458-2

*Hermann von Meyer (1801–1869),
der bedeutendste deutsche Wirbeltierpaläontologe
des 19. Jahrhunderts, im Alter von 36 Jahren.
Bild: Lithographie von C. J. Allemagne 1837*

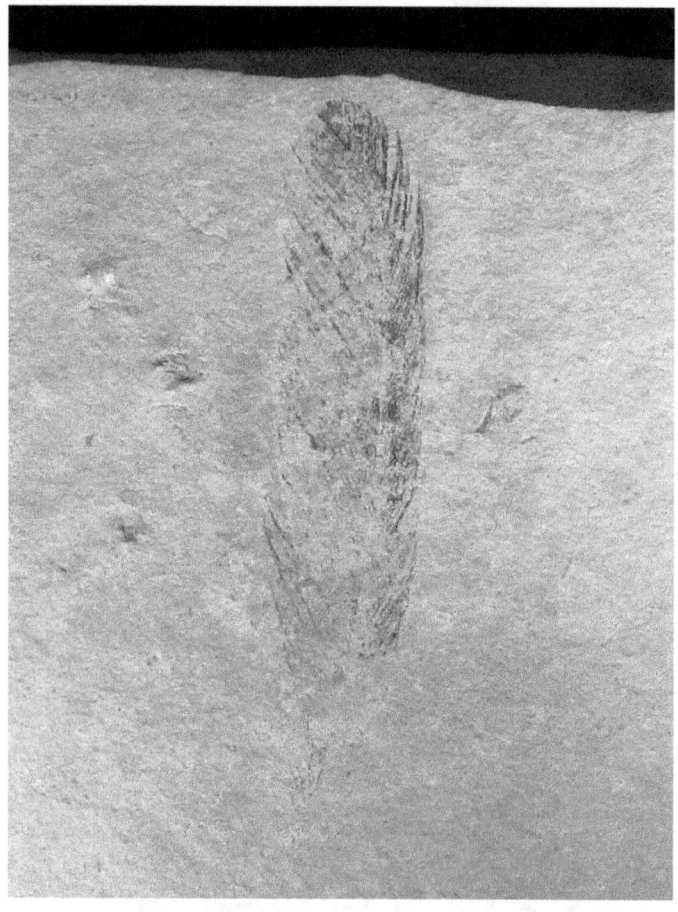

1860 entdeckte Vogelfeder, die 1861 von Hermann von Meyer den wissenschaftlichen Namen Archaeopteryx lithographica erhielt. Original in der „Bayerischen Staatssammlung für Paläontologie und Geologie", München.
Foto: H. Raab (Unser Vesta) / CC-BY-SA3.0, lizensiert unter Creative-Commons-Lizenz by-sa-3.0, https://creativecommons.org/licenses/by-sa/3.0/legalcode

Vorwort

Der bedeutendste Wirbeltierpaläontologe des 19. Jahrhunderts in Deutschland und vielleicht sogar in Europa steht im Mittelpunkt des Taschenbuches „Hermann von Meyer: Der große Naturforscher aus Frankfurt am Main". Verfasser ist der Wiesbadener Wissenschaftsautor Ernst Probst, der ab 1977 viele Zeitungsartikel und ab 1986 zahlreiche Bücher über paläontologische Themen schrieb. Viele Sammler und Museen vertrauten Meyer ihre Fossilien zur Untersuchung an. Von 1828 bis 1869 verfasste der Freizeitforscher mehr als 300 Fachpublikationen. Zu den zahlreichen Urzeittieren, denen er einen wissenschaftlichen Namen gab, gehörten die Dinosaurier *Plateosaurus* und *Stenopelix,* etliche Flugsaurier, der Urvogel *Archaeopteryx,* Wildpferde und ein Rüsseltier. Andere Experten benannten insgesamt 37 fossile Pflanzen und Tiere zu Ehren von Meyer. Trotz einer Gehbehinderung besuchte dieser auf eigene Kosten etliche Fundstellen, Sammlungen und Tagungen. Für seine wissenschaftliche Arbeit nahm er kein Geld an. Seinen Lebensunterhalt verdiente er als „Bundescassen-Controlleur" und „Bundescassier" des „Deutschen Bundestages" in Frankfurt am Main.

*Hermann von Meyer (1801–1869) im reiferen Alter.
Foto eines unbekannten Fotografen*

Inhalt

Vorwort / Seite 5

Hermann von Meyer.
Der große Naturforscher aus Frankfurt am Main / Seite 9

Daten im Leben von Hermann von Meyer / Seite 61

Schriften von Hermann von Meyer / Seite 64

Literatur / Seite 97

Register / Seite 105

Der Autor / Seite 114

Bücher von Ernst Probst / Seite 115

8

*Pariser Gelehrter Georges Cuvier (1769–1832),
Begründer der Wirbeltierpaläontologie.
Vom englischen Graveur James Thomson (1788–1850)
geschaffenes Porträt,
Bild: Portrait Prints of Men and Women of Science
and Technology in the Dibner Library*

Hermann von Meyer

Der große Naturforscher aus Frankfurt am Main

Der Frankfurter Forscher Hermann von Meyer (1801–1869) gilt als der bedeutendste deutsche Wirbeltierpaläontologe des 19. Jahrhunderts. Nicht wenige halten ihn sogar für bedeutender als den französischen Gelehrten Georges Cuvier (1769–1832), der als Begründer der Wirbeltierpaläontologie angesehen wird. Genau genommen war Cuvier kein gebürtiger Franzose. Er wurde nämlich in Montbéliard (Mömpelgard), das damals zu Württemberg gehörte, als Georg Küfer geboren.

Christian Erich Hermann von Meyer – so sein vollständiger Name – kam am 3. September 1801 in Frankfurt am Main zur Welt. Er war das vierte Kind des evangelischen Theologen, Juristen und Politikers Johann Friedrich von Meyer (1772–1849) und dessen Ehefrau Maria Magdalena Franziska, geborene von Zwackh (1780–1849). Wegen einer Bibelübersetzung von 1819 wurde der Vater als „Bibel-Meyer" bekannt. Er fungierte dreimal (1825, 1839, 1843) jeweils ein Jahr lang als „Älterer Bürgermeister" der „Freien Stadt Frankfurt". Der „Ältere Bürgermeister" hatte den Vorsitz im Senat, war Chef der auswärtigen Beziehungen und des Militärwesens sowie das amtierende Staatsoberhaupt. Der „Jüngere Bürgermeister" leitete die Polizei, das Zunftwesen und die Bürgerrechtsangelegenheiten und vertrat den „Älteren Bürgermeister". Die Mutter von Hermann war die Tochter von Franz Xaver von Zwackh auf Holzhausen (1756–1843). Dieser wirkte als königlich-bayerischer Staatsrat und erster Regierungspräsident des bayerischen Rheinkreises in Speyer.

*Franz Xaver von Zwackh auf Holzhausen (1756–1843),
der Großvater mütterlicherseits von Hermann von Meyer.
Von einem unbekannten Künstler geschaffenes Porträt.
Bild: (via Wikimedia Commons). Lizenz: gemeinfrei (Public domain)*

*Evangelischer Theologe, Jurist und Politiker
Johann Friedrich von Meyer (1772–1849),
der Vater von Hermann von Meyer.
Bild: Porträt vor 1849*

*Chemiker Friederich Wöhler (1800–1882),
Freund von Hermann von Meyer.
Stich eines unbekannten Künstlers.
Bild: (via Wikimedia Commons),
Lizenz: gemeinfrei (Public domain)*

Hermann hatte fünf Geschwister:
Julie Magdalena Catharina Franziska (1796–1883), verheiratet am 12. November 1816 mit Carl Albert Leopold Freiherr von Stengel (1784–1865), Regierungspräsident von Unterfranken (1832), der Pfalz (1832) und Schwaben (1839),
Philipp Anton Guido (1798–1869), Legationsrat, Bevollmächtigter beim Bundestag in Frankfurt am Main, Schriftsteller,
Karl Franz Theobald (1799–1803), der im Kindesalter starb,
Amanda (1803–1887), verheiratet in Frankfurt am Main am 3. Juli 1826 mit Konrad Schanzenbach (1786–1854), Vorstand des Stadtrentamts in München,
Sophie Friederike (1804–1886), verheiratet am 27. Mai 1828 mit Wilhelm Aldefeld (1796–1838), Secretär, Oberpostmeister in Neuwied.
Hermanns Großvater väterlicherseits war der 1758 aus Hildesheim nach Frankfurt am Main eingewanderte Großkaufmann und Inhaber eines Blechwalzwerks, Johann Anton Meyer (1734–1800). Letzterer wurde 1789 in den Adelsstand erhoben. Hermanns Onkel Heinrich Anton von Meyer (1766–1834) und Johann Georg von Meyer (1765–1838) wurden Anteilseigner der väterlichen Firma. Onkel Johann Georg gründete außerdem ein Bankhaus.
Wegen einer Missbildung, „eine Art von Klumpfüßen", war Hermann von Geburt an gehbehindert und deshalb von manchen Kinderspielen ausgeschlossen. In Frankfurt am Main besuchte er vom Mai 1808 bis Oktober 1815 das Städtische Gymnasium (Lessing-Gymnasium). Zwei seiner Lehrer – nämlich der Mineraloge Wilhelm Adolph Miltenberg (1776–1824) sowie der Mathematiker und Physiker Johann Heinrich Moritz von Poppe (1776–1854) – begeisterten ihn für Mineralogie und Technologie. Bereits als Gymnasiast betrieb Hermann zusammen mit seinem ein Jahr älteren Freund Friedrich Wöhler

*Geologe und Paläontologe Heinrich Georg Bronn (1800–1862),
einer der akademischen Lehrer von Hermann von Meyer.
Bild: (via Wikimedia Commons),
Lizenz: gemeinfrei (Public domain)*

(1800–1882), der sich später als Chemiker einen Namen machte, ernsthafte chemische und mineralogische Studien. Die Freunde trafen sich fast täglich und experimentierten ohne Anleitung im Hof des Hauses von Hermanns Eltern.

Früh erwachte in Hermann ein Hang zu mechanischer und naturwissenschaftlicher Beschäftigung. Irgendwann richtete er sich eine Schlosser-, Schreiner- und Dreherwerkstatt ein. Im Zeichnen und Konstruieren mechanischer Arbeiten erlangte er rasch große Fertigkeit. Sein Taschengeld verwendete er fast nur zur Anschaffung von Mineralien, Reagentien und Druckschriften über Chemie und Mineralogie. Anhaltendes Gehen oder Stehen fiel ihm wegen seines Gebrechens schwer.

Über das Leben von Hermann von Meyer hat 1967 der Frankfurter Paläontologe Wolfgang Struve (1924–1997) in seiner Publikation „Zur Geschichte der Paläontologisch-Geologischen Abteilung des Natur-Museums und Forschungs-Institutes Senckenberg" anschaulich berichtet. Vor allem aus dieser Arbeit stammen die Fakten in dieser Biografie.

1818 arbeitete Meyer in einer Glasfabrik in Kahl, um sich auf das Hüttenwesen vorzubereiten. Aber schon nach einem Jahr gab er diese Stelle wieder auf. Auf Wunsch seines Vaters absolvierte er von 1818 bis 1822 im Bankhaus Gebr. Meyer seines Onkels Johann Georg von Meyer erfolgreich eine Lehre, die ihm aber nicht behagte. Auch in dieser Zeit verlor er sein Interesse an Naturwissenschaft nicht und setzte die chemischen Experimente mit Wöhler fort.

Nach seiner Banklehre studierte Meyer ab Mai 1822 Volkswirtschaft sowie daneben Mineralogie, Chemie, Mathematik und Physik an der Universität Heidelberg. Zu seinen berühmten akademischen Lehrern gehörten der Geologe und Paläontologe Heinrich Georg Bronn (1800–1862), der Mineraloge Karl Cäsar von Leonhard (1779–1860) und der Mineraloge und Phar-

*Mineraloge Karl Cäsar von Leonhard (1779–1860),
einer der akademischen Lehrer von Hermann von Meyer.
Bild: Lithographie von Rudolf Hoffmann (1820--1882),
nach einem Foto von Schubert (via Wikimedia Commons),
Lizenz: gemeinfrei (Public domain)*

*Mineraloge und Pharmakologe Leopold Gmelin (1788–1853)
einer der akademischen Lehrer von Hermann von Meyer.
Bild: J. Woelfyle / G. Cook
(via Wikimedia Commons),
Lizenz: gemeinfrei (Public domain)*

*Anatom, Anthropologe, Paläontologe und Erfinder Theodor von Sömmerring (1755–1830).
Von Carl Friedrich Bender geschaffenes Porträt.
Bild: (via Wikimedia Commons),
Lizenz: gemeinfrei (Public domain)*

makologe Leopold Gmelin (1788–1853). Zwischen 1824 und 1825 studierte Meyer an der von Landshut nach München verlegten Universität Mineralogie. Während seiner Studienjahre in München entwickelte er ein inniges Verhältnis zu den „Bayerischen Staatssammlungen" und hatte in seiner Freizeit viel Kontakt mit Malern, Bildhauern und Architekten.
Nach seiner Rückkehr aus München zu seinen Eltern lernte Meyer im Juli 1825 den Anatomen, Anthropologen, Paläontologen und Erfinder Theodor von Sömmerring (1755–1830) kennen, der 1817 Gründungsmitglied der „Senckenbergischen Naturforschenden Gesellschaft" („SNG") in Frankfurt am Main geworden war. Auf Sömmerrings Veranlassung und auf Vorschlag von Dr. Johann Jakob Casimir Buch (1778–1851) von der Direktion wurde Meyer im Sommer 1825 als „wirkliches Mitglied" in die „SNG" aufgenommen.
Beim Ordnen der mineralogischen und paläontologischen Sammlungen der „SNG" begeisterte sich Meyer immer mehr für die Paläontologie. Zum Studium der Osteologie (Knochenlehre) und Paläontologie wurde er durch den fossilen Schädel eines Wisents *(Bison priscus)* aus dem Rhein von Sandhofen bei Mannheim angeregt. Die Knochenverletzung im Stirnknochen soll durch eine zu Lebzeiten vermutlich durch Menschenhand geführte Waffe entstanden sein. Dank seines Talents und seines Fleißes wurde Meyer bald vom Schüler zum „Meister auf dem Gebiet der Versteinerungskunde", heißt es.
Ab Sommer 1827 setzte Meyer sein naturwissenschaftliches Studium in Berlin fort. Dort traf er sich täglich mit der Schriftstellerin Bettina von Arnim (1785–1859), die wie er aus Frankfurt am Main stammte und meistens getrennt von ihrem Ehemann Achim von Arnim (1781–1831) lebte. Durch Bettina lernte Meyer bedeutende Künstler und Schriftsteller kennen. Den Naturforscher Alexander von Humboldt (1769–1859), der

*Schriftstellerin Bettina von Arnim (1785–1859),
Radierung von Ludwig Emil Grimm (1790–1863).
Bild: (via Wikimedia Commons),
Lizenz: gemeinfrei (Public domain)*

Naturforscher Alexander von Humboldt (1769–1859).
Gemälde von Josoeph Karl Stiehler (1781–1858) von 1843.
Bild: (via Wikimedia Commons),
Lizenz: gemeinfrei (Public domain)

Philosoph Georg Wilhelm Friedrich Hegel (1770–1831).
Lithographie von Ludwig Sebbers (1804–nach 1837).
Bild: (via Wikimedia Commons),
Lizenz: gemeinfrei (Public domain)

ihn schätzte, verehrte Meyer sehr. Mit dem witzigen Philosophen und Lebemann Georg Wilhelm Friedrich Hegel (1770–1831), der seit 1818 in Berlin lebte, verstand sich Meyer nicht gut.
Im November 1827 betraute der Nürnberger Kaufmann Johann von Schwarz den 26jährigen Meyer mit der Leitung seines im Aufbau befindlichen Instituts für Glasmalerei. Schwarz hatte damals einen Auftrag zwecks Ausführung eines Fensters für den Regensburger Dom übernommen. Meyer baute eigenhändig Öfen zum Schmelzen der Farben und zum Brennen der gemalten Glasplatten, unternahm Versuche zur Herstellung guter Farben, arbeitete vom frühen Morgen bis zum späten Abend an den Öfen und sogar mit dem Pinsel, da die angestellten Maler wegen Unfähigkeit weg geschickt werden mussten. Trotz vieler Schwierigkeiten wurde das Fenster 1828 fertig und im Regensburger Dom über dem Haupteingang aufgestellt. Schwarz reagierte auf das große Engagement von Meyer mit Undank und beendete das Arbeitsverhältnis im Streit.
Nach diesem unerfreulichen Job in Bayern setzte Meyer mit neuem Eifer seine unterbrochenen paläontologischen Studien fort. Trotz seiner Gehbehinderung, die ihm ausdauernde Arbeit im Gelände erschwerte, besuchte er 1829 die deutschen Fossilfundstellen Solnhofen und Georgensgmünd in Mittelfranken sowie Eppelsheim in Rheinhessen. Dabei konnte er nicht lange gehen oder stehen.
Meyer untersuchte später immer wieder Fossilien aus der Gegend von Solnhofen, beschrieb sie und gab ihnen wissenschaftliche Namen. Die rund 150 Millionen Jahre alten Land-, Meeres- und Flugtiere aus der Oberjurazeit in den Solnhofener Plattenkalken blieben ungewöhnlich gut erhalten. Berühmt sind vor allem kleine Raubdinosaurier, Flugsaurier und Urvögel.

Lebensbilder von Rhein-Elefanten (Deinotherium giganteum, oben, zu deutsch: „Riesiges Schreckenstier"), und Urpferden (Hippotherium primigenium, unten), geschaffen von Heinrich Harder (1858–1935)

Im Sommer 1829 besuchte Meyer auf einer Anhöhe namens Biehl bei Georgensgmünd zwei Steinbrüche, aus denen Funde fossiler Säugetiere bekannt waren. Zur Tierwelt von Georgensgmünd gehörten Rüsseltiere *(Deinotherium bavaricum)*, Nashörner, Giraffenverwandte *(Palaeomeryx)*, Schweineartige *(Hyotherium)* und Urpferde *(Anchitherium)*. 1834 veröffentlichte Meyer eine Abhandlung mit dem Titel „Die fossilen Zähne und Knochen und ihre Ablagerung in der Gegend von Georgensgmünd in Bayern".

In Sandgruben von Eppelsheim mit rund zehn Millionen Jahre alten Ablagerungen des Ur-Rheins fand Meyer zahlreiche Zähne von Urpferden. Die Struktur dieser prähistorischen Zähne unterschied sich merklich von derjenigen heutiger Pferde. Über seine Untersuchungen in Eppelsheim berichtete Meyer am 19. August 1829 in der Sitzung der „Wetterauischen Gesellschaft für die gesammte Naturkunde". Anhand eines Unterkiefers aus Eppelsheim beschrieb Meyer 1829 das kleine dreihufige Urpferd *Hippotherium primigenium*. Meyer hat damals den Gattungsnamen *Equus* verwendet, der später durch *Hipparion* und zuletzt durch *Hippotherium* ersetzt wurde. In Eppelsheim hat man Knochen und Zähne exotischer Tiere – wie des Rhein-Elefanten *Deinotherium giganteum* („Riesiges Schreckenstier"), des krallenfüßigen „Huftieres" *Chalicotherium goldfussi* und der löwengroßen Säbelzahnkatze *Machairodus aphanistus* entdeckt. Diese und andere Tiere wurden von dem großen Darmstädter Naturforscher Johann Jakob Kaup (1803–1873) untersucht, beschrieben und benannt. Der schmale Ur-Rhein floss ungefähr 20 Kilometer westlich des heutigen Rheins – fern von Mainz und Wiesbaden – durch Rheinhessen.

Am 10. Juni 1829 wurde Meyer Mitglied der „Kaiserlich Leopoldinisch-Carolinischen Akademie der Naturforscher" mit Sitz in Halle/Saale. Die „Leopoldina" ist die älteste natur-

*Darmstädter Naturforscher Johann Jakob Kaup (1803–1873).
Ölbild des Darmstädter Hofmalers
Josef Hartmann (1812–1885) aus dem Jahre 1866.
Original im Besitz der Familie Bang-Kaup
in Hammelbach/Odenwald*

wissenschaftlich-medizinische Gelehrtengemeinschaft im deutschsprachigen Gebiet und die älteste dauerhaft existierende naturforschende Akademie der Welt. Wie in dieser Akademie damals üblich, erhielt Meyer einen Beinamen und zwar Scheuchzer. Johann Jacob Scheuchzer (1672– 1733) war ab 1696 zweiter Stadtarzt in Zürich und ab 1710 Mathematikprofessor am Gymnasium in Zürich.

Neben seinem eigentlichen Beruf übte Meyer in Frankfurt am Main kirchliche und gemeinnützige Ehrenämter aus. Zum Beispiel wählte man ihn am 9. November 1830 in den Kirchenvorstand der evangelisch-lutherischen Gemeinde. Am 10. Oktober 1834 wurde er in die ständige Bürgerrepräsentation aufgenommen. Ab 1835 war er Senior des evangelisch-lutherischen Armenpflegeamts.

In seinem 1832 erschienenen Werk „Palaeontologica zur Geschichte der Erde und ihrer Geschöpfe" präsentierte Meyer – mit Ausnahme der fossilen Fische – eine umfassende Übersicht der bis dahin entdeckten vorzeitlichen Wirbeltiere. Darin veröffentlichte er erstmals sein System der fossilen Saurier nach ihren Bewegungsorganen und fügte eine Abhandlung über die Gebilde der Erdrinde hinzu, in denen Überreste von Geschöpfen gefunden wurden.

Eine wichtige ausführliche Zusammenstellung veröffentlichte Meyer 1832 im „Neuen Jahrbuch für Mineralogie, Geognosie, Geologie und Petrefakten-Kunde". Sie trug den Titel „Die Abtei-lung der Mineralien und fossilen Knochen im Museum der Senkenbergischen Gesellschaft in Frankfurt geordnet". Ohne dieses sammlungsgeschichtlich bedeutsame Dokument wüsste man so gut wie nichts über das von der „SNG" zusammen ge-tragene Wirbeltier-Material, weil bis dahin kein Katalog vorlag. Eine Bestandsaufnahme der fossilen Wirbeltiere erfolgte erst im 20. Jahrhundert. 1845 entstand der Katalog

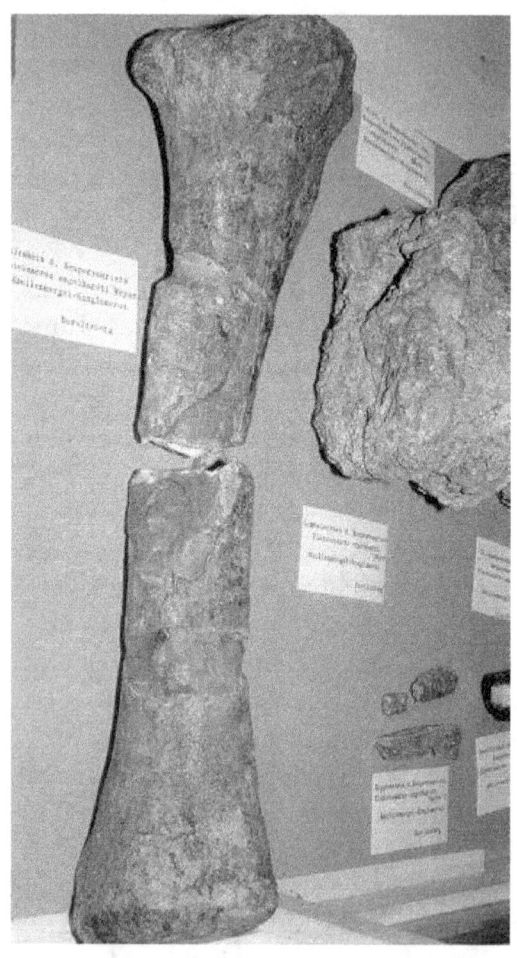

Knochen des ersten in Deutschland entdeckten Dinosauriers (Plateosaurus engelhardti), die früher in einer Vitrine im „Geologisch-Paläontologischen Institut" der „Universität Erlangen" aufbewahrt wurden.

der fossilen Conchylien (Schalen der Schalenweichtiere) und ab 1853 der erste Mineralienkatalog.

1833 hoben Georg Fresenius (1808–1866), Hermann von Meyer und August Emanuel Ritter von Reuss (1811–1873) die erste Senckenbergische Zeitschrift namens „Museum Senkenbergianum" aus der Taufe. In dieser Zeitschrift erschienen 1833 im ersten Band und 1837 im zweiten Band insgesamt etwa zehn Beiträge von Meyer. Im 1845 heraus gekommenen dritten und letzten Band vor der Umbenennung (1854) standen bereits keine Beiträge mehr von Meyer.

Am 4. April 1837 informierte Meyer in Form eines Briefes im „Neuen Jahrbuch für Mineralogie, Geognosie, Geologie und Petrefakten-Kunde" über den ersten in Deutschland entdeckten Dinosaurier. Er schrieb: „Herr Dr. Engelhardt in Nürnberg brachte zur Versammlung der Naturforscher in Stuttgart einige Knochen von einem Riesenthier aus einem Breccien-artigen Sandstein des oberen Keupers seiner Gegend. Derselbe hatte die Gefälligkeit, mir alle Knochen, welche aus diesem Gebilde herrühren, mitzutheilen. Ich habe sie bereits untersucht und die besten davon, welche in fast vollständigen Gliedmaßenknochen und in Wirbeln bestehen, abgebildet. Dieser Fund ist von großem Interesse. Die Knochen rühren von einem der massigsten Saurier her, welcher infolge der Schwere und Hohlheit seiner Gliedmaßenknochen dem *Iguanodon* und *Megalosaurus* verwandt ist und in die zweite Abtheilung meines Systems der Saurier gehören wird. Keiner seiner Verwandten war bisher so tief im Europäischen Kontinent und aus so einem alten Gebilde bekannt. Diese Reste gehören einem neuen Genus an, das ich *Plateosaurus* nenne; die Species ist *Pl. Engelhardti*. Das Ausführliche darüber werde ich später bekannt machen." Bei der wissenschaftlichen Erstbeschreibung erklärte Meyer nicht, warum er den Gattungsnamen *Plateosaurus* wählte.

*Notar Johann Carl Friedrich Bruch (1789–1857).
Das Original der Bronzebüste ist verschollen.
Foto: Naturhistorisches Museum Mainz*

Dieser Begriff wird mit „Flache Echse", „Breite Echse" oder „Breit-weg-Echse" übersetzt. Mit dem Artnamen *engelhardti* ehrte Meyer den Chemiker Dr. Johann Friedrich Engelhardt (1797–1857), der die Dinosaurierreste 1834 entdeckt hatte.
Im Juli 1837 bestellte man Meyer zum „Bundescassen-Controlleur" in der Finanzverwaltung des ersten „Deutschen Bundestages" in Frankfurt am Main. Mit Paläontologie befasste er sich fortan nur noch in seiner Freizeit.
Im Oktober 1838 ging ein Lieblingswunsch von Meyer in Erfüllung, den er seit 1826 hatte. Er wollte in der Gegend einer Fundstelle leben, die dem Montmartre bei Paris ähnlich wäre. Dessen Reichtum an fossilen Knochen ermöglichte dem Paläontologen Cuvier ein 15jähriges erfolgreiches Studium. Meyer hatte schon nicht mehr auf eine knochenreiche Lokalität in Nähe seines Wohnortes Frankfurt am Main gehofft, bis ihm der Bergsekretär Edmund Rath aus Wiesbaden einige Zähne aus Weisenau bei Mainz zur Untersuchung brachte. Sogleich erkannte Meyer die Wichtigkeit dieses Fundortes.
Bergsekretär Rath sammelte fortan weiterhin Fossilien aus Weisenau, die er jeweils Meyer schickte. Bald danach suchte auch der Notar Johann Carl Friedrich Bruch (1789–1857) dort und überließ seine Funde der „Rheinischen Naturforschenden Gesellschaft" in Mainz. Auch diese Fossilien hat man Meyer zur Untersuchung überlassen. Das ihm vorliegende Fundgut überzeugte Meyer davon, dass Weisenau „zu den wichtigsten Lokalitäten der Erde für die tertiäre Wirbelthier-Fauna gehöre und hierin selbst dem Montmartre bei Paris nicht nachstehe". In Weisenau entdeckte man andere fossile Tierarten als am Fundort Montmartre und statt größeren zusammenhängenden eher fragmentarische vereinzelte Skelettteile.
Wegen starker Arbeitsbelastung als „Bundescassen-Controlleur" legte Meyer im November 1841 sein seit 1838 bekleidetes

Naturwissenschaftler Eduard Rüppell (1794–1884).
Gemälde von Georg Horn (1838–1911).
Bild: (via Wikimedia Commons),
Lizenz: gemeinfrei (Public domain)

Ehrenamt als Abteilungsleiter (Sektionär) für Osteologie im Bereich Zoologie der „Senckenbergischen Naturforschenden Gesellschaft" nieder.

1843 legte Meyer im „Neuen Jahrbuch für Mineralogie, Geognosie, Geologie und Petrefakten-Kunde" eine „Summarische Uebersicht der fossilen Wirbelthiere des Mainzer Tertiär-Beckens, mit besonderer Rücksicht auf Weisenau" vor. Seinen Untersuchungen zufolge kamen im „Tertiär-Gebilde von Weisenau" Überreste von Wirbeltieren aller Klassen vor. Nämlich von Säugetieren, Reptilien, Vögeln und Fischen. Keine Spur fand er von Affen, Zahnlosen, Walen und Kloakentieren.

Von 1828 bis 1832 identifizierte Meyer fossile Reste von schätzungsweise 12 Nashörnern, 12 Schweineartigen *(Hyotherium)*, 100 kaninchengroßen Vielhufern (*Microtherium*, später *Oplotherium*), 150 Giraffenverwandten *(Palaeomeryx)*, 356 Fleischfressenden (darunter der Bärenhund *Amphicyon*), 20 Nagern, 15 Schildkröten, 45 Krokodilen, 45 Eidechsen, 1.000 ungeschwänzten und 35 geschwänzten froschartigen Amphibien, 80 Schlangen, 70 Vögeln und 40 Fischen aus Weisenau. Insgesamt unterschied er 760 Individuen, die er 61 Spezies zuordnete. Die alten Funde des weltberühmten Fundortes Mainz-Weisenau im Südosten von Mainz stammen aus dem Aushub, der beim Bau von Weinkellern anfiel und am Rhein abgekippt wurde.

Hermann von Meyer und der Naturwissenschaftler Eduard Rüppell (1794–1884), die beiden wissenschaftlich bedeutenden Männer, die teilweise gleichzeitig am „Senckenbergischen Museum" in der paläontologischen Sektion tätig waren, verstanden sich wenig. Der schroffe und verletzende Rüppell wurde 1977 von Wolfgang Struve als Idealist bezeichnet, der für Grautöne zwischen Schwarz und Weiß kein Verständnis hatte. Er habe spontan und scharf gegen alles reagiert, was auch nur dem Anschein nach den Interessen der senckenbergischen Sache zuwider gelaufen sei. Dank seiner finanziellen Unabhängigkeit sei er in der glücklichen Lage gewesen, seiner Überzeugung folgen zu können. Manche Streitigkeit mit anderen maßgeblichen Persönlichkeiten wie Meyer hätte einen läppischen Anlass gehabt. Struve vermutete, Rüppells Verhalten wurzele vielleicht in enttäuschenden Erfahrungen eines Menschen, der im ersten Lebensabschnitt allzu sehr auf die Lauterkeit und Uneigennützigkeit seiner Mitmenschen vertraut habe und die darauf folgende Ernüchterung nicht richtig verarbeiten konnte.

Bereits zu Beginn der 1840er Jahre stand Hermann von Meyer, der zuvor die paläontologische Sammlung verwaltet hatte, außerhalb der „Senckenbergischen Naturforschenden Gesellschaft" und nützte nur noch die Skelette rezenter Tiere des Museums zu seinen Studien. Das alte Senckenberg-Museum befand sich von 1821 bis zum Umzug in das neue Museum an der Viktoria-Allee in Nachbarschaft des Eschenheimer Turms. Seine wissenschaftlichen Arbeiten erledigte der Freizeitforscher Meyer fast ausschließlich in seinen eigenen vier Wänden.

Zusammen mit dem Paläontologen Theodor Plieninger (1795–1879) gab Meyer 1844 das Werk „Beiträge zur Paläontologie Württembergs" heraus. Dieses enthielt die Abhandlung „Die fossilen Wirbelthierreste aus den Triasgebilden, mit besonderer Rücksicht auf die Labyrinthodonten des Keupers".

1845 ernannte die philosophische Fakultät der Universität Würzburg Meyer zum Ehrendoktor. Auch im Ausland wusste man seine Verdienste zu würdigen. 1845 verlieh ihm die „Geological Society von London" die Wollaston-Medaille.

Ein Vortrag zum 25jährigen Stiftungsfest der „SNG" am 22. November 1842 von Eduard Rüppell, der 1845 in der Zeitschrift „Museum Senkenbergianum" veröffentlicht wurde, enthielt versteckte und offene Angriffe gegen Hermann von Meyer. Der in Abwesenheit zu Unrecht kritisierte Meyer schrieb deswegen am 11. Dezember 1845 an die Direktion der „Senckenbergischen Naturforschenden Gesellschaft". Darin widerlegte er überzeugend seine angeblichen Irrtümer über von der „SNG" erworbene Fossilien von Wirbeltieren. Dabei ging es um ein Wisentkopffragment aus den Torfmooren bei Seligenstadt, zwei Riesensalamander aus Öhningen am Bodensee sowie um Ichthyosaurier und einen Krokodilsaurier bei Metringen.

Im „Neuen Jahrbuch für Mineralogie, Geognosie, Geologie und Petrefakten-Kunde" von Karl Cäsar von Leonhard und Heinrich Georg Bronn publizierte Meyer von 1830 bis 1868 mehr als 100 Mitteilungen meistens in Form von Briefen. Die detaillierten Resultate seiner Untersuchungen veröffentlichte er später in mit Tafeln versehenen Abhandlungen.

Zusammen mit dem Professor für Mineralogie und Geologie an der Universität Marburg, Wilhelm Dunker (1809–1885), gründete Meyer 1846 die bis heute erscheinende Zeitschrift „Palaeontographica". Darin veröffentlichte er 103 Beiträge, die er meistens mit eigenhändigen Abbildungen versah. Im ersten Beitrag beschrieb er ein prächtig erhaltenes Skelett eines langschwänzigen Flugsauriers aus dem lithographischen Schiefer, den er *Rhamphorhynchus* („Schnabelschnauze") nannte.

In seinem umfangreichen Hauptwerk „Fauna der Vorwelt" (1845–1860) beschrieb Meyer vor allem in Deutschland gefundene Wirbeltiere aus dem Karbon, Perm, der Trias, dem Jura und Miozän. Dieses Werk enthielt 132 Tafeln mit eigenhändigen Zeichnungen. Die erste Abteilung (1845) heißt „Fossile Säugetiere, Vögel und Reptilien aus dem Molasse-Mergel von Oeningen" (heutige Schreibweise: Oehningen). In dieses Werk mit zwölf meisterhaften Tafeln nahm er zwei 1825

Mineraloge und Geologe Wilhelm Dunker (1809–1885).
Er gründete 1846 zusammen mit Hermann von Meyer
die Zeitschrift „Palaeontographica".
Foto: um 1850 geschaffenes Porträt

von Johann Georg Neuburg (1757–1830), dem ersten Direktor der „SNG", gekaufte Riesensalamander *(Andrias scheuchzeri)* aus Öhningen bei Radolfzell am Bodensee nicht auf. 1846 entlarvte er diese Fossilien als teilweise Fälschungen. Bei einem davon hatte man an einen Wirbelsäulenrest des Riesensalamanders einen kleinen Fischschädel hinzugefügt. *Andrias scheuchzeri* ging in die Geschichte der Paläontologie ein, weil ihn 1726 der Zürcher Stadtarzt Johann Jakob Scheuchzer irrtümlich als Skelettrest eines in der biblischen Sintflut ertrunkenen Menschen betrachtete, der er „*Homo diluvii testis*" nannte.
Die zweite Abteilung der „Fauna der Vorwelt" (1847–1855) mit 80 herrlichen Tafeln trägt den Titel „Die Saurier des Muschelkalks mit Rücksicht auf die Saurier aus Buntem Sandstein und Keuper". Das Fundmaterial hierfür lieferten ca. zehn öffentliche Sammlungen und ungefähr 40 Privatpersonen aus Deutschland, der Schweiz und Frankreich.
Der Titel der dritten Abteilung (1856) heißt „Saurier aus dem Kupferschiefer der Zechsteinformation". Die vierte Abteilung (1860) mit dem Titel „Reptilien aus dem lithographischen Schiefer in Deutschland und Frankreich" brachte Meyer der „Bayerischen Akademie der Wissenschaften" zu deren 100jährigem Stiftungsjubiläum als Ehrengabe dar. Für letzteres Werk hatte er die Juraformation von Solnhofen, Pappenheim und Monsheim eingehend studiert. Als wissenschaftlich besonders wertvoll gelten die Untersuchungen über Flugsaurier, von denen mehr als 25 Skelette beschrieben werden.
Meyer untersuchte alle Klassen von Wirbeltieren wie Fische, Amphibien, Reptilien, Vögel und Säugetiere, aber auch Krebse (Crustaceen) und Kopffüßer (Cephalopoden). Innerhalb von vier Jahrzehnten verfasste er von 1828 bis 1869 mehr als 300 Fachpublikationen, davon ungefähr 240 über fossile Wirbeltiere. Nach ihm wurden 37 fossile Pflanzen und Tiere benannt.

> *Frankfurt* am *Main*, den 30. September *1861*.
> Nachträglich zu meinem Schreiben vom 15. verflossenen Monats kann ich Ihnen nunmehr mittheilen, dass ich die Feder von *Solenhofen* nach allen Richtungen hin genau untersucht habe und dabei zu dem Ergebniss gekommen bin, dass sie eine wirkliche Versteinerung des lithographischen Schiefers ist und vollkommen mit einer Vogel-Feder übereinstimmt. Zugleich erhalte ich von Herrn Obergerichtsrath Witte die Nachricht, dass das fast vollständige
>
> * Dumont S. 304.

679

Skelet eines mit Federn bedeckten Thiers im lithographischen Schiefer gefunden worden sey. Von unseren lebenden Vögeln zeige es manche Abweichung. Die von mir untersuchte Feder werde ich mit genauer Abbildung veröffentlichen. Zur Bezeichnung des Thieres halte ich die Benennung **Archaeopteryx lithographica** geeignet.

*Brief von Hermann von Meyer vom 30. September 1861
an Heinrich Georg Bronn (1800–1862), den Herausgeber der Zeitschrift
„Neues Jahrbuch für Mineralogie, Geognosie, Geologie
und Petrefakten-Kunde".
Darin schlägt er für den Federfund aus Solnhofen von 1860
den wissenschaftlichen Namen Archaeopteryx lithographica vor.*

Als Erster beschrieb Meyer viele Urzeittiere wie
das dreihufige Urpferd *Hippotherium primigenium* 1829,
die Brückenechse *Pleurosaurus goldfussi* 1831,
das Rüsseltier *Deinotherium bavaricum* 1831
(heute auch *Prodeinotherium bavaricum*),
den Flugsaurier *Rhamphorhynchus bucklandi* 1832,
den Flugsaurier *Gnathosaurus subulatus* 1833,
den Tintenfisch *Leptoteuthis gigas* 1834,
den Schweinartigen *Hyotherium soemmerringi* 1834,
die Schildkröte *Emys turfa* 1835,
den Krebs *Eryon schuberti* 1836,
den Dinosaurier *Plateosaurus engelhardti* 1837,
die Schildkröte *Eurysternum wagleri* 1839,
den Plesiosaurier *Thaumatosaurus* 1841,
das Amphibium *Apateon pedestris* 1844,
das Urpferd *Anchitherium* 1844,
den Giraffenverwandten *Palaeomeryx bojani* 1846,
den Flugsaurier *Rhamphorhynchus muensteri* 1847,
die Brückenechse *Homeosaurus maximiliani* 1847,
den Sandfisch *Notogoneus longiceps* 1851,
den Flugsaurier *Ctenochasma roemeri* 1852,
den Frosch *Palaeobatrachus gigas* 1852,
den Giraffenhalssaurier *Tanystropheus* 1852,
den Gliederfüßer *Arthopleura armata* 1854,
den Riesensalamander *Andrias tschudii* 1859,
den Dinosaurier *Stenopelix valdensis* 1859,
das Amphibium *Phanerosaurus naumanni* 1860,
die Feder des Urvogels *Archaeopteryx lithographica* 1861.
Hermann von Meyer korrespondierte mit vielen Fossiliensammlern sowie berühmten Fachkollegen jener Zeit wie Sir Richard Owen (1804–1892) aus London, der 1841 den Begriff Dinosaurier („Schreckensechsen") einführte. Meyer hat bereits

*1837 von Hermann von Meyer erstmals beschrieben:
Dinosaurier Plateosaurus engelhardti.
Bild: Gemälde von Fritz Wendler (1941–1995)
für das Buch „Deutschland in der Urzeit" (1986)
von Ernst Probst*

*1859 von Hermann von Meyer erstmals beschrieben:
Dinosaurier Stenopelix valdensis in verschiedenen Deutungen.
Bild: Gemälde von Mario Kessler
für das Buch „Dinosaurier in Deutschland" (1993)
von Ernst Probst und Raymund Windolf (1953–2010)*

Londoner Paläontologe Richard Owen (1804–1892).
Bild: Maull & Polyblank 1856 (via Wikimedia Commons),
Lizenz: gemeinfrei (Public domain)

1830 stattdessen den Namen Pachypoda („Dickfüßer") vorgeschlagen, was sich allerdings nicht durchsetzte.
Mehrfach kritisierte Meyer das Korrelationsgesetz des französischen Naturforschers Georges Cuvier. Letzterer hatte in seinen „Recherches sur les ossemens fossiles" (1813) aus Knochen und Zähnen, die am Montmartre gefunden wurden, eine zuvor nicht gekannte Tierwelt beschrieben. Fortan hatte sich die Kunst, aus Fragmenten und einzelnen Teilen ganze Skelette zusammenzusetzen und zu charakterisieren, entwickelt und neue Studien der vergleichenden Anatomie ermöglicht. Cuvier glaubte, es sei möglich, aus einem einzelnen Knochen- oder Zahnfund durch vergleichende anatomische Untersuchungen die Gestalt eines fossilen Tieres zu rekonstruieren. Meyer dagegen meinte, dies sei nicht allgemein gültig, sondern im Gegenteil höchst trügerisch und führe zu den seltsamsten Irrtümern.
Die Lieblingsidee Cuviers von einer Austilgung der Arten durch plötzliche und gewaltsame Änderungen in den äußeren Existenzbedingungen hielt Meyer nichts. Er lehnte die Annahme von periodisch wiederkehrenden totalen Vernichtungen und umfassenden Neuschöpfungen ab. Nach Ansicht von Meyer trug jeder Organismus die Gesetze seiner Entwicklung in sich. Die Arten und Gattungen besaßen laut seiner Anschauung eine prädestinierte Lebensdauer, nach deren Erfüllung sie unabwendbar dem Tod anheim fielen. Dieses „vitalistische Prinzip" vertreten auch andere Forscher. Meyer glaubte an die „Urzeugung" („Generatio aequivoca"). Das heißt die Entstehung von Lebewesen aus anorganischem (beispielsweise Schlamm) oder organischem Material unabhängig von elterlichen Organismen.
Meyer gehörte nicht zu den entschiedenen Gegnern der 1859 veröffentlichten neuen Lehre des britischen Naturforschers

Britischer Naturforscher Charles Darwin (1809–1882).
Aquarell von George Richmond (1809–1896) von 1840.
Bild: (via Wikimedia Commons),
Lizenz: gemeinfrei (Public domain)

Charles Darwin (1809–1882). In seinem Werk „On the Origin of Species by Means of Natural Selection, or The Preservation of Favoured Races in the Struggle for Life" („Die Entstehung der Arten") legte Darwin im Wesentlichen fünf voneinander unabhängige Theorien dar:
die Evolution als solche, die Veränderlichkeit der Arten.
die gemeinsame Abstammung aller Lebewesen;
den Gradualismus, die Änderung durch kleinste Schritte;
Vermehrung der Arten beziehungsweise Artbildung in Populationen
und die natürliche Selektion als wichtigsten, wenn auch nicht einzigen Mechanismus der Evolution.
„Die Erde scheint nur zu gebären!" schrieb Meyer staunend am 4. Mai 1846 in einer Mitteilung an Professor Bronn, die im „Neuen Jahrbuch für Mineralogie, Geognosie, Geologie und Petrefakten-Kunde" ab Seite 462 veröffentlicht wurde. Er fuhr weiter: „Je mehr man mit der Untersuchung vorweltlicher Geschöpfe sich abgiebt, je mehr die Methode sich ausbildet, nach der die Untersuchungen zu geschehen haben, je mehr Formen früherer Schöpfung man kennen lernt, desto reicher fallen die Ergebnisse aus, welche die Untersuchung neuen Materials liefert und es lässt sich voraussehen, dass die bereits aufgefundene nicht unansehnliche Zahl fossiler Geschöpfe noch rascher als bisher zunehmen werde."
1847 konnte sich Meyer über die „Goldmedaille der Holländischen Societät der Wissenschaften" freuen. 1848 wurde er Mitglied der „Akademie der Wissenschaften" in Wien und 1853 der „Bayerischen Akademie der Wissenschaften".
Im Alter von 47 Jahren verlor Hermann von Meyer an einem Tag seine Eltern. Am 28. Januar 1849 starb plötzlich seine Mutter Maria Magdalena Franziska. Nur 13 Stunden später war auch der Vater Johann Friedrich von Meyer tot. An das frühere

Wohnhaus der Familie Meyer in der Großen Bockenheimer Gasse erinnert heute eine Gedenktafel.

In einem Schreiben Meyers vom 18. Juni 1849 an die „Senckenbergische Naturforschende Gesellschaft" wird eine größere Schenkung des Gelehrten an die „SNG" erwähnt. Dabei handelte es sich um einen Schrank mit fossilen Fischen vom Monte Bolca und aus dem Mansfelder Kupferschiefer, Fische und Krebse aus den Solnhofener Plattenkalken, einen vollständig erhaltenen Ichthyosaurier von Ohmden, Muscheln, Schnecken, Wirbeltierrippen und zahlreiche Mineralien.

1851 und 1852 fungierte Meyer als Erster Direktor der „Senckenbergischen Naturforschenden Gesellschaft". In seiner Rede zum Amtsantritt am 16. Januar 1851 versprach er, er werde sich bemühen, den zweifachen Zweck der Gesellschaft zu erreichen: Erhaltung und Vermehrung der Sammlungen sowie Kultivierung der Wissenschaft. Er wisse aber nicht, ob es ihm gelingen werde, die ihm anvertraute Ehrenstelle zusammen mit seinen ihn sehr in Anspruch nehmenden Berufsgeschäften auszuüben. Wenn dies nicht möglich sei, werde er die Gesellschaft bitten müssen, ihn dieser Stelle wieder zu entheben. Doch er führte während seiner ganzen Amtsperiode den Vorsitz und nahm bis zum 14. April 1852 als Erster Direktor an 20 Sitzungen teil. Zwischen dem 19. April 1852 und 13. Mai 1854 war er zwei mal bei Sitzungen anwesend und fehlte 20 mal.

Im März 1860 erhielt Meyer einen Ruf als ordentlicher Professor der Geologie und Paläontologie an die Universität Göttingen. Doch er lehnte dieses Angebot ab, weil er befürchtete, durch eine Professur könne seine wissenschaftliche Freiheit eingeschränkt werden. Nach seiner Absage versuchte sein alter Freund Wöhler im Auftrag der hannoverschen Regierung, ihn umzustimmen. 1860 wählte man Meyer zum korrespon-

dierenden Mitglied der Göttinger Akademie der Wissenschaften.
In sein Tagebuch schrieb Meyer: „Es ist mir gelungen, mich in meiner wissenschaftlichen Thätigkeit völlig frei zu erhalten. Ich habe nie von der Wissenschaft Bezahlung genommen, die Stellen, wie Professuren mit Einkommen abgeschlagen, um nicht in die Zunft eintreten zu müssen, kein Honorar für meine literarische Thätigkeit genommen, um gegenüber den Verlegern eine völlig unabhängige Stellung einzunehmen; ich habe lieber meine Existenz durch freiwillige Uebernahme einer amtlichen Stelle im Fache der Administration gefristet, die anderen Männern von wissenschaftlicher Richtung vielleicht ein Gräuel gewesen wäre, mir aber einen erwünschten Gegensatz im Leben bot und es möglich machte, mich dauernd beschäftigt zu erhalten."
1857 irrte sich Meyer, als er ein 1855 in einem Steinbruch in Jachenhausen bei Riedenburg (Bayern) geborgenes Fossil als Flugsaurier *(Pterodactylus crassipes)* deutete. 1860 wurde dieser Fund an „Teylers Museum" in Haarlem (Niederlande) verkauft. Der Amerikaner John H. Ostrom (1928–2005), einer der bedeutendsten Wirbeltierpaläontologen in der zweiten Hälfte des 20. Jahrhunderts, betrachtete 1970 das Fossil als Urvogel *(Archaeopteryx lithographica)*. Oliver Rauhut von der „Bayerischen Staatssammlung für Paläontologie und Geologie in München" und Christian Foth von der „Université Fribourg" identifizierten das Fossil 2017 als vogelähnlichen Raubdinosaurier und gaben ihm den neuen Artnamen *Ostromia crassipes*.
Ab 1. Januar 1863 fungierte Meyer als „Bundescassier" (Finanzdirektor) des „Deutschen Bundestages" in Frankfurt am Main, was ihm mehr Arbeit und Verantwortung bescherte. Der Beschluss für die Ernennung wurde bei der Bundesversammlung am 20. November 1862 gefasst.

*Vogelähnlicher Raubdinosaurier (Ostromia crassipes)
von Jachenhausen bei Riedenburg (Bayern)
im „Teylers Museum" in Haarlem (Niederlande).
Früher wurde dieses 1855 entdeckte Fossil
als Flugsaurier oder Urvogel fehlgedeutet.
Foto: MWAK (via Wikimedia Commons),
Lizenz: gemeinfrei (Public domain)*

Oliver Rauhut von der „Bayerischen Staatssammlung
für Paläontologie und Geologie in München"
und Christian Foth von der „Université Fribourg" identifizierten 2017
ein Fossil, das Hermann von Meyer 1857 für einen Flugsaurier
und John H. Ostrom 1970 für einen Urvogel gehalten hatte,
als vogelähnlichen Raubdinosaurier und nannten ihn Ostromia crassipes.
Foto: Professor Dr. Oliver W. M. Rauhut, Privatarchiv

1863 nahm Meyer das „Ritterkreuz des österreichischen Franz-Joseph-Ordens" entgegen. Ebenfalls 1863 benannte man einen Berg in Neuseeland als „Mount Meyer". 34 „gelehrte Gesellschaften" zeichneten ihn von 1825 bis 1863 mit Diplomen aus. Ein Schreiben Meyers vom 10. Februar 1865 an die „Senckenbergische Naturforschende Gesellschaft" belegt eine zweite große Schenkung des inzwischen 64 Jahre alten Gelehrten an die „SNG". Sie umfasste unter anderem je einen fossilen Schädel des Auerochsen *Bos primigenius* und des Höhlenbären *Ursus spelaeus,* eine Fährtenplatte mit Klaueneindrücken aus Coburg sowie Abgüsse in anderen Museen aufbewahrter wichtiger Fossilien („Schädel von *Protorosaurus* und *Nothosaurus,* Unterkiefer von *Placodus,* Stoßzahn von *Mastodon* und Backenzahn von *Rhinoceros"*).
Eine dritte große Schenkung Meyers wird in einem Schreiben an die „SNG" vom 10. April 1865 aufgeführt. Diesmal handelte es sich um viele wirbellose Fossilien (Korallen, Schnecken, Muscheln, Ammoniten, Aptychen, Krebse, Trilobiten, Seeigel, Graptolithen), Geweihreste von *Cervus elaphus* sowie Zähne von *Hippotherium primigenius, Rhinoceros* und *Mastodon* sowie Abgüsse des damals im Poppelsdorfer Schloss zu Bonn aufbewahrten Flugsauriers *Pterodactylus crassirostris* und des Stuttgarter *Capitosaurus robustus*.
Die drei durch Schreiben von Meyer dokumentierten großen Schenkungen von Fossilien an die „SNG" waren vermutlich nicht die einzigen. In Verwaltungsprotokollen findet man zahlreiche Hinweise für Schenkungen von Fachliteratur und zwar auch aus Zeiten, in denen Meyer nicht an geschäftlichen und wissenschaftlichen Sitzungen teilgenommen hat. In den Wirbeltier-Katalogen der „SNG" dürfte man weitere Belege finden, was Meyer zur Bereicherung der Sammlungen beigetragen hat.

Im „Deutschen Krieg" 1866 brachte Meyer die Bundeskasse vor der preußischen Armee in Sicherheit und schaffte sie zuerst auf die Festung Ulm, später nach Augsburg. Nach dem Ende des „Deutschen Krieges" beauftragte man Meyer mit der Liquidation der Bundeskasse. Danach wurde er nach 30jähriger Amtsführung pensioniert. 1867 ging er in den endgültigen Ruhestand.

Meyer besaß keine eigene umfangreiche Fossiliensammlung. Als Privatmann mit bescheidenen Einkünften konnte er keine teuren Fossilien kaufen und kein Privatmuseum gründen. Anfangs besichtigte er bei Reisen in Süddeutschland, Böhmen, der Schweiz, Holland und Belgien Sammlungen mit Wirbeltierfossilien. Doch mit zunehmenden Veröffentlichungen überließ man ihm von allen Seiten bedeutende Fossilfunde. Wegen seiner Gewissenhaftigkeit bei der Behandlung und Rückgabe anvertrauter Objekte und seiner unbestreitbaren Autorität genoss er bald großes Vertrauen. Deshalb gelangten die interessantesten und kostbarsten Funde in seine Hände und fanden in sorgfältiger Beschreibung und eigenhändiger Abbildung ihren Platz in seinen Mappen. Oft besuchte er Versammlungen von Naturforschern in verschiedenen Städten. Von Beginn seiner Mitgliedschaft bei der „Senckenbergischen Naturforschenden Gesellschaft" ab 1825 bis Ende 1867 nahm Meyer an rund 40 Prozent der ungefähr 440 geschäftlichen und wissenschaftlichen Sitzungen teil. Vom 11. August 1838 bis zum 15. Juni 1844 war er ungefähr 70 mal abwesend und nur viermal anwesend. Zwischen dem 7. April 1855 und dem 23. März 1867 war er lediglich zweimal anwesend und 130 mal abwesend. In den letzten 16 Monaten seines Lebens fehlte er krankheitsbedingt.

Gegen Ende seines Lebens wünschte Meyer, seine Manuskripte, Korrespondenzen und Tausende von Zeichnungen sollten nach

Geograph Johannes Justus Rein (1835–1919),
ehemaliger Direktor
der „Senckenbergischen Naturforschenden Gesellschaft".
Foto: (via Wikimedia Commons),
Lizenz: gemeinfrei (Public domain)

seinem Tod der „Bayerischen Akademie der Wissenschaften" in München übergeben werden. Angeblich war dies kein Affront gegen die „Senckenbergische Naturforschende Gesellschaft" in Frankfurt am Main, weil es dort keinen persönlichen wissenschaftlichen Nachfolger Meyers in der Wirbeltierpaläontologie gab. Der Justizrat Dr. h. c. Justus Häberlin in Frankfurt am Main, der älteste und treueste Freund von Meyer, veranlasste später die Erben, dass dieser Wunsch erfüllt wurde. Im reiferen Alter erschwerte Meyer ein bösartiges Augenleiden das Schreiben und Lesen. Blutarmut plagte seinen Körper. 1868 erlitt er mehrere Schlaganfälle, bei denen seine Sehkraft geschwächt wurde. Während eines Spaziergangs traf ihn ein Schlaganfall, dem er nach mehrtägigem Leiden am 2. April 1869 im Alter von 67 Jahren in Frankfurt am Main erlag.
Johannes Justus Rein (1835–1919), der damalige Direktor der „Senckenbergischen Naturforschenden Gesellschaft", schrieb 1869 im Nachruf: „Die große Mehrzahl seiner Mitbürger, welche dem schön gewachsenen Mann in schwarzem Anzuge und dem wegen seiner mißbildeter Füße beschwerlichen Gang, den er durch einen Stock unterstützen mußte, auf seinen täglichen Spaziergängen um die Stadt begegnete, kannte ihn wohl nur als Bundes-Cassier; nur die wenigsten wußten, welche hohe Stellung derselbe in der Gelehrtenwelt errungen hatte. – Solche, welche das Glück hatten, durch Jahrzehnte hin in freundlichem Verkehr mit H. v. Meyer zu stehen, rühmen seine tiefe Gottesfurcht und seine edle, allem Gemeinen, abholde Gesinnung; edel, wie seine Gesichtszüge, und klar, war seine Denkweise. Phrase und Selbstüberhebung waren ihm zuwider, dem Verdienst zollte er bereitwilligst seine Anerkennung, den strebsamen Anfänger in der Wissenschaft unterstützte er auf das freundlichste und fand sich wohl in seiner Gesellschaft."

*Geologe und Paläontologe Karl Alfred von Zittel (1839–1904),
Verfasser der 50seitigen „Denkschrift
auf Christ. Erich Hermann von Meyer".
Foto: Porträt aus „Palaeontographica", Band 50, April 1904*

Das Verhältnis von Meyer zu Senckenberg und die Bedeutung des Gelehrten zur „SNG" wurde sehr unterschiedlich beurteilt. Friedrich Kinkelin (1836–1913), der Leiter der Sektion Geologie/Paläontologie am Senckenberg-Museum, beklagte 1903, Meyer habe schon zu Beginn der 1840er Jahre außerhalb des Museums gestanden. Er fragte: „Welche Schätze hätten bei der riesigen Menge von Fossilien, die bei Hermann von Meyer zusammenströmten, auch dem Museum zugute kommen können?" Die riesige Arbeit, die Meyer in seinem Leben zur Förderung der Wissenschaft geleistet habe, sei nur in verhältnismäßig geringem Grad dem Museum unmittelbar zugute gekommen. Nach Ansicht von Wolfgang Struve bedachte Kinkelin nicht, dass ein großer Teil der von Meyer untersuchten Fossilien das Eigentum anderer Museen war. Folglich hätte Senckenberg nur solche Stücke erwerben können, die sich noch in Privatbesitz befanden. Der Kauf scheiterte aber am Geldmangel der „SNG". Meyer selbst war nicht finanzkräftig genug, um größere Ankäufe zu tätigen.
Der Münchner Mineraloge Franz von Kobell (1803–1882) würdigte Meyer 1870 in einem Nekrolog in den „Sitzungsberichten der Bayerischen Akademie der Wissenschaften". Dabei erwähnte er, die seltenen Schätze Bayerns seien es gewesen, die Meyer der Paläontologie zugeführt hätten, einem Studium, welches ihm die „erhabensten Genüsse geboten" hätte. Meyer hatte während seines Studiums in München zusammen mit Kobell die mineralogische Sammlung des Staates geordnet.
Dagegen sind sich Meyer und der Geologe und Paläontologe Karl Alfred von Zittel (1839–1904), der 1866 den damals einzigen Lehrstuhl für Paläontologie in Deutschland an der Universität München übernommen hatte, nie persönlich begegnet. Auf brieflichen Wunsch von Meyer reiste Zittel im

Frühjahr 1869 nach Frankfurt am Main, um dort mit ihm mehrere Angelegenheiten zu besprechen. Nach der Ankunft in Frankfurt begegnete Zittel einem Freund, der gerade von der Beerdigung des plötzlich vom Tod hinweg gerafften Meyer kam. Zittel würdigte 1870 den verstorbenen Frankfurter Gelehrten in seiner 50seitigen „Denkschrift auf Christ. Erich Hermann von Meyer". Er beschrieb ihn als Persönlichkeit mit vorzüglicher Allgemeinbildung, großem handwerklichen und zeichnerischem Geschick, gerader, vornehmer Gesinnung, ausgezeichneter Höflichkeit, feinen, weltmännischen Umgangsformen, ungewöhnlichem Fleiß, großer Ordnungsliebe und wundervoll organisierter Arbeit. Nie habe er etwas lange liegen lassen, anfallende Aufgaben rasch erledigt, Briefe umgehend beantwortet. Öffentliches Reden habe er gescheut, der kühne Flug der Phantasie habe ihm gefehlt und philosophische Spekulationen seien seiner Natur zuwider gewesen.

„Das Verzeichnis der Schriften Hermann von Meyer's" in der Denkschrift von Zittel nimmt 20 Druckseiten ein. Daraus geht hervor, dass der vielseitige Gelehrte Meyer nicht nur über Fossilien, Fossilfundstellen in Deutschland, Österreich, der Schweiz und Frankreich sowie Mineralien, sondern auch über astronomische und meteorologische Themen schrieb. In „Kastner, Archiv für Naturlehre" veröffentlichte er die Artikel „Ueber einen zu Mühlhausen und Frankfurt a. M. beobachteten Sonnencometen" (1825), „Meteorologische Eigenschaften des 14. Januar 1827 und des 13. Januar 1828" (1828), „Einige Resultate aus meinen Beobachtungen der Lichtphänomene an Sonne und Mond" (1828) und „Meteorologische Beobachtungen vom 15. Januar 1827!" (1829). In „Kastner, Archiv für Chemie und Meteorologie" veröffentlichte er die Beiträge „Eine bemerkenswerthe Regenbogenbildung" (Band II, S. 391) und „Ueber Nordlichterscheinungen und das Nordlicht vom

7. zum 8. Januar 1831 in Frankfurt a. M. mit besonderer Rücksicht auf Form und Färbung" (Band III, S. 1). In „Poggendorff's Annalen der Physik und Chemie" findet man seinen Beitrag „Ein Feuermeteor, beobachtet zu Frankfurt a. M." (1847).

In der Denkschrift von Zittel ist auch ein Verzeichnis der Diplome Meyers enthalten. Es umfasst insgesamt 34 Diplome:

16. August 1825: Senkenbergische Naturforschende Gesellschaft in Frankfurt am Main.

30. August 1826: Wetterauische Gesellschaft für die gesammte Naturkunde in Hanau.

10. Juni 1829: Caesarea Leopoldino-Carolina academia naturae curiosorum Bonn.

29. März 1830: Kaiserlich Russische Gesellschaft der Naturforscher in Moskau.

9. Juni 1830: Gesellschaft der naturforschenden Freunde in Berlin.

Mai 1832: The academy of natural sciences of Philadelphia.

11. November 1831: Societas physico-medica Erlangensis.

6. November 1832: Societe d'histoire naturelle de Strasbourg.

4. November 1833: Societas medicinalis et naturae curiosorum in Moldavia.

30. März 1835: Academia Scientiarum et literarum Panormitana.

17. Mai 1837: The Hartford natural history society in Connecticut.

31. Oktober 1838: Naturwissenschaftlicher Verein in Hamburg.

29. August 1838: Verein für Naturkunde im Herzogthum Nassau, Wiesbaden.

14. September 1838: Societas Naturae Scrutatorum Helvetorum, Basileae.

16. November 1843: Rheinische naturforschende Gesellschaft in Mainz.

24. Juni 1844: Mannheimer Verein für Naturkunde.
1. Februar 1845: Doctor-Diplom der philosophischen Facultät der Universität Würzburg.
30. Mai 1846: Société des sciences naturelles du canton de Vaud, Lausanne.
2. Januar 1847: Schlesische Gesellschaft für vaterländische Cultur, Breslau.
1. Februar 1848: Correspondirendes Mitglied der kaiserlichen Akademie der Wissenschaften in Wien.
5. Juni 1850: Société Royale Hollandaise des sciences, Haarlem.
20. November 1850: Societas geologica Londinensis.
12. August 1864: Mittelrheinischer geologischer Verein, Darmstadt (Mitstifter)
1853: Auswärtiges correspondirendes Mitglied der Königlich Bayerischen Akademie der Wissenschaften, München.
12. Juni 1854: Oberhessische Gesellschaft für Natur- und Heilkunde, Giessen.
28. November 1857: Grossherzoglich Sächsische Gesellschaft für Mineralogie, Geologie und Petrefactologie, Jena.
12. Februar 1860: Correspondent der K. K. geologischen Reichsanstalt, Wien.
24. November 1860: Correspondent für die physikalische Classe der k. Gesellschaft der Wissenschaften, Göttingen.
Juli 1860: The American philosophical society held of Philadelphia.
21. Dezember 1861: Ostpreussisch Physikalisch-Ökonomische Gesellschaft zu Königsberg.
5. März 1863: Präsidial-Adjunct der K. K. Leopoldinischen Akademie, Dresden.
15. Februar 1864: Societas physico-medica ad Rhenum inferiorem, Bonnae.
16. Oktober 1866: Naturhistorischer Verein in Augsburg.

7. Dezember 1866: Offenbacher Verein für Naturkunde.
Der Münchner Geologe Wilhelm von Gümbel (1828–1889) verfasste eine Kurzbiografie über Meyer in „Allgemeine Deutsche Biographie", Band 21 (1885). Auch von Claus Priesner in der Neuen Deutschen Biographie" (1994) und in der von Wolfgang Klötzer herausgegebenen „Frankfurter Biographie. Personengeschichtliches Lexikon" (1996) wurde Meyer gewürdigt.
Anlässlich des 200. Geburtstages von Hermann von Meyer fand am 23. November 2001 im Festsaal des Senckenberg-Museums in Frankfurt am Main ein wissenschaftliches Festkolloquium statt. Das Vortragsprogramm: Peter Wellnhofer: Hermann von Meyer und der Solnhofener Urvogel Archaeopteryx; Rainer R. Schoch: Hermann von Meyers Beitrag zum Verständnis der Labyrinthodontier; Rupert Wild: Hermann von Meyer als Erforscher der fossilen Reptilien; Erlend Martini: Hermann von Meyer, E. C. Hassencamp und die Fossillagerstätte Sieblos; Thomas Mörs: Von Riesenfröschen und kranken Krokodilen – Hermann von Meyer und die Fossillagerstätte Rott; Peter Schäfer: Sedimentationsgeschichte, Untergliederungsmöglichkeiten und Paläoökologie im „Kalktertiär" des Mainzer Beckens; Thomas Keller: Unbekannte Briefe an Richard Owen und Charles Moore. Organisiert wurden das Festkolloquium und eine Sonderausstellung von den Paläontologen Thomas Keller und Gerhard Storch. Die Beiden gaben auch eine 47seitige Broschüre mit dem Titel „Hermann von Meyer. Frankfurter Bürger und Begründer der Wirbeltierpaläontologie in Deutschland" heraus.
Seltsamerweise steht in vielen Lexika nichts über Hermann von Meyer. Wenn man im Internet nach Straßen, Alleen, Wegen, Plätzen, Parks und Gebäuden sucht, die nach Meyer benannt sind, wird man offenbar bisher nicht fündig. Von

Meyer sind nicht viele Abbildungen bekannt. In manchen Büchern wie „Deutschland in der Urzeit" (1986) von Ernst Probst und „Dinosaurier in Deutschland" (1993) von Ernst Probst und Raymund Windolf (1953–2010) sowie im Internet findet man eine 1837 von C. J. Allemagne geschaffene Lithographie des damals 36jährigen Frankfurter Gelehrten. Ein Foto in Publikationen von Wolfgang Struve (1967), Thomas Keller und Gerhard Storch (2001) sowie Jahn Hornung und Sven Sachs (2003) zeigt Meyer im reiferen Alter mit Zylinder und Gehstock.

Karl Alfred von Zittel erwähnte 1870 in seiner Denkschrift eine von Eduard Schmidt von der Launitz (1796–1869) in Frankfurt am Main ausgeführte, wohlgelungene Büste aus Meyer's späteren Lebensjahren. Sie zeige ihn mit ausdrucksvollem, aristokratischem Kopf, dünnen Haaren, mächtiger Stirn, klaren und heiteren Augen, feingeschnittenen Zügen und kurzgeschnittenem Bart.

Daten im Leben von Hermann von Meyer

3. September 1801: Geburt in Frankfurt am Main
Mai 1808 bis Oktober 1815: Besuch des Städtischen
Gymnasiums (Lessing-Gymnasium) in Frankfurt am Main
1818: Arbeit in einer Glasfabrik in Kahl, um sich auf das
Hüttenwesen vorzubereiten
1818 bis 1822: Lehre im Bankhaus seines Onkels Johann
Georg von Meyer
Ab Mai 1822: Studium der Volkswirtschaft, Mineralogie,
Chemie, Mathematik und Physik an der Universität
Heidelberg
Zwischen 1824 und 1825: Studium an der Universität
München
1825: Rückkehr nach Frankfurt am Main
Sommer 1825: Aufnahme als „wirkliches Mitglied" der
„Senckenbergischen Naturforschenden Gesellschaft"
(„SNG") in Frankfurt am Main
1825 bis 1863: 34 Gesellschaften zeichnen Meyer mit
Diplomen aus
Ab Sommer 1827: Fortsetzung des naturwissenschaftlichen
Studiums in Berlin
Ab November 1827 bis 1828: Leitung eines Instituts für
Glasmalerei in Nürnberg
1828 bis 1869: Erscheinen von mehr als 300 Fach-
publikationen, davon ungefähr 240 über fossile Wirbeltiere
1829: Besuch der Fossilienfundstellen Solnhofen und
Georgensgmünd in Franken sowie Eppelsheim in
Rheinhessen
1829: Erstbeschreibung des Urpferdes *Hippotherium primigenium*

1830 bis 1868: Veröffentlichung von mehr als 100 Mitteilungen meistens in Form von Briefen im „Neuen Jahrbuch für Mineralogie, Geognosie, Geologie und Petrefakten-Kunde"
1831: Erstbeschreibung des Rüsseltieres *Deinotherium bavaricum*
1832: Erscheinen des Werkes „Palaeontologica zur Geschichte der Erde und ihrer Geschöpfe"
1832: Erstbeschreibung des Flugsauriers *Rhamphorhynchus bucklandi*
1833: Gründung der Zeitschrift „Museum Senkenbergianum" zusammen mit Georg Fresenius und August Emanuel Ritter von Reuss
1833: Erstbeschreibung des Flugsauriers *Gnathosaurus subulatus*
4. April 1837: Erstbeschreibung des ersten in Deutschland entdeckten Dinosauriers, den Meyer *Plateosaurus engelhardti* nennt
1834: Erstbeschreibung des Schweineartigen *Hyotherium soemmeringi*
Juli 1837: Ernennung zum „Bundescassen-Controlleur" in der Finanzverwaltung des ersten „Deutschen Bundestages" in Frankfurt am Main
1838 bis November 1841: Ehrenamt als Abteilungsleiter (Sektionär) für Osteologie im Bereich Zoologie der „Senckenbergischen Naturforschenden Gesellschaft" in Frankfurt am Main
1841: Erstbeschreibung des *Plesiosauriers Thaumatosaurus*
1844: Erstbeschreibung des Urpferdes *Anchitherium*
1845: Ernennung zum Ehrendoktor durch die philosophischen Fakultät der Universität Würzburg
1845 bis 1860: Erscheinen des Hauptwerkes „Fauna der Vorwelt"

1846: Gründung der Zeitschrift „Palaeontographica" zusammen mit dem Marburger Mineralogen und Geologen Wilhelm Dunker. Darin Veröffentlichung von 103 Beiträgen
1846: Erstbeschreibung des Giraffenverwandten *Palaeomeryx bojani*
Januar 1849: Tod von Mutter und Vater innerhalb von 13 Stunden
1852: Erstbeschreibung des Flugsauriers *Ctenochasma roemeri*
1852: Erstbeschreibung des Giraffenhalssauriers *Tanystropheus*
1851 und 1852: Erster Direktor der „Senckenbergischen Naturforschenden Gesellschaft" in Frankfurt am Main
1854: Erstbeschreibung des Gliederfüßers *Arthropleura armata*
1859: Erstbeschreibung des Dinosauriers *Stenopelix valdensis*
März 1860: Ruf als ordentlicher Professor der Geologie und Paläontologie an die Universität Göttingen, den Meyer ablehnt
1861: Erstbeschreibung der Feder des Urvogels *Archaeopteryx lithographica*
1.Januar 1863: Ernennung zum „Bundescassier" (Finanzdirektor) des „Deutschen Bundestages" in Frankfurt am Main
1863: Zu Ehren von Hermann von Meyer wird ein Berg in Neuseeland als „Mount Meyer bezeichnet
1866: Meyer bringt im „Deutschen Krieg" die Bundeskasse vor der preußischen Armee in Sicherheit und schafft sie zuerst auf die Festung Ulm, später nach Augsburg. Nach Kriegsende beauftragt man ihn mit der Liquidation der Bundeskasse und pensioniert ihn.
1867: Endgültiger Ruhestand
1868: Mehrere Schlaganfälle
2. April 1869: Tod im Alter von 67 Jahren in Frankfurt am Main

Schriften von Hermann von Meyer

Selbstständige Werke
1832 Paläologica. Zur Geschichte der Erde und ihrer Geschöpfe. Frankfurt. Schmerber.
1833 Tabelle über die Geologie zur Vereinfachung derselben und zur naturgemässen Classifikation der Gesteine. Nürnberg. Schrag.
1834 Die fossilen Zähne und Knochen von Georgensgmünd in Bayern und ihre Ablagerung. Frankfurt. Sauerländer, mit 14 Tafeln.
1840 Neue Gattungen fossiler Krebse aus Gebilden vom bunten Sandstein bis in die Kreide. Stuttgart. Schweizerbart, mit 4 Tafeln.
1844 Meyer und Plieninger. Beiträge zur Paläontologie Württembergs, enthaltend die fossilen Wirbelthierreste aus den Triasgebilden mit besonderer Rücksicht auf die Labyrinthodonten des Keupers. Stuttgart. Sehweizerbart, mit 12 Tafeln.
1847 Homaeosaurus Maximiliani und Rhamphorhynchus (Pterodactylus) longicaudus, 2 fossile Reptilien aus dem Kalkschiefer von Solenhofen im Naturaliencabinet Sr. kaiserl. Hoheit des Herzogs Maximilian von Leuchtenberg zu Eichstädt. Frankfurt. Schmerber, mit 3 Tafeln.
1852 Ueber die Reptilien und Säugethiere der verschiedenen Zeiten der Erde. Zwei Reden. Frankfurt. Schmerber.

Zur Fauna der Vorzeit
1845 Erste Abtheilung. Fossile Säugethiere, Vögel und Reptilien aus dem Molasse-Mergel von Oeningen. Frankfurt. Schmerber, mit 12 Tafeln.

1847–1855 Zweite Abtheilung. Die Saurier des Muschelkalks mit Rücksicht auf die Saurier aus Buntem Sandstein und Keuper. Frankfurt. Schmerber, mit 70 Tafeln.
1856 Dritte Abtheilung. Saurier aus dem Kupferschiefer der Zechsteinformation. Frankfurt, Schmerber, mit 9 Tafeln.
1860 Vierte Abtheilung. Reptilien aus dem lithographischen Schiefer in Deutschland und Frankreich. Frankfurt, Schmerber, mit 21 Tafeln.
1858 Reptilien aus der Steinkohlenformation in Deutschland. Cassel, Theodor Fischer, mit 16 Tafeln.

Beiträge zu selbstständigen Werken anderer Autoren
1846 Dunker, W. Monographie der Norddeutschen Wealdenbildung, nebst einer Abhandlung von H. von Meyer über die in dieser Gebirgsbildung bis jetzt gefundenen Reptilien. Braunschweig. Oehme und Müller.
1848 Index palaeontologicus oder Uebersicht der bis jetzt bekannten fossilen Organismen unter Mitwirkung der Herrn Göppert und Meyer, bearbeitet von H. G. Bronn. 3 Bände. Im Nomenclator Zoologicus von L. Agassiz sind die fossilen Säugethiere, Vögel und Reptilien von Meyer bearbeitet.
1851 V. Thiollière Seconde notice sur le gisement et sur les corps organisés fossiles des caleaires lithographiques dans le Jura du département de l'Ain comprenant la description de deux Reptiles inédites par H. de Meyer. Lyon. Barret.

Abhandlungen in Zeitschriften
Museum Senkenbergianum, gegründet von Dr. G. Fresenius, H. v. Meyer und Dr. Reuss
1833 Band 1. S. 1. Beiträge zur Petrefaktenkunde S. 288. Vorkommen des Lebias Meyeri S. 292. Aptychus (laevius) acutus. Leptoteuthis gigas S. 293. Scorpion aus der Steinkohle.

Krebse in buntem Sandstein S. 205. Knochen und Zähne in Braunkohlen S. 296. Ophiura in Keuper.
Band 2. S. 47. Die Torfgebilde von Enkheim und Dürrheim und ihre animalischen Einschlüsse S. 249. Isocrinus und Chelocrinus, 2 neue Typen aus der Abtheilung der Crinoideen mit Tafeln.

Acten der Kaiserlich Leopoldinisch-Carolinischen Akademie.
1831 Band XV. 2. S. 57–200. I) Beschreibung des Orthoceratites striolatus und über den Bau einiger vielkammeriger fossiler Cephalopoden nebst der Beschreibung von Calymene aequalis. 2) Ueber Mastodon Arvernensis. 3) Das Genus Aptychus. 4) Neue fossile Reptilien aus der Ordnung der Saurier, mit 8 Tafeln.
1832 Band XVI. 2. S. 423–520. I) Ueber fossile pferdeartige Thiere, 2) über das fossile Elenn, 3) über das Dinotherium Bavaricum, 4) über Palinurus Sueurii, mit 9 Tafeln.
1832 Band XVII. 1. S. 101–170. Ueber fossile Reste von Ochsen, mit 5 Tafeln.
1835 Band XVIII. 1. S. 261–284. Beiträge zu Eryon, mit 2 Tafeln.
1835 Band XVIII. 1. S. 285–296. Abweichung von der Fünfzahl bei Echiniden, mit 1 Tafel.

Beiträge zur Petrefaktenkunde, unter Mitwirkung der Herrn Hermann von Meyer und Prof. Rudolf Wagner, herausgegeben von Georg Graf zu Münster
1839 1. Heft S. 52–84. Pleurosaurus goldfussi aus dem Kalkschiefer von Daiting. Idiochelys Fitzingeri, eine Schildkröte aus dem Kalkschiefer von Kelheim. Eurysternum Wagleri, Schildkröte aus dem Kalkschiefer von Solenhofen.

1840 2. Heft S. 1 u. folg. Phoca ambigua aus dem
Osnabrücker Tertiär-Mergel. Idiochelys Wagneri aus dem
Kalkschiefer von Kelheim.
1842 5. Heft S. 1–34. Ueber den Proterosaurus Speneri.
Brachytaenius perennis aus dem dichten Jurakalk von Aalen.
Pterodactylus Meyeri aus dem Kalkschiefer von Kelheim.
Iguana (?) Haueri aus dem Tertiär-Gebilde des Wiener
Beckens, S. 70, 75; Ueber die in dichtem gelben Jurakalk von
Aalen in Württemberg vorkommenden Species des
Crustaceengenus Prosopon.

*Palaeontographica. Beiträge zur Naturgeschichte der Vorwelt,
herausgegeben von W. Dunker und H. von Meyer. 1846–1869*
Band I
S. 1. Pterodactylus Gemmingi aus dem Kalkschiefer von
Solenhofen.
S. 91. Cancer Paulino-Württembergensis aus einem jüngern
Kalkstein in Aegypten.
S. 102. Placothorax Agassizi und Typodus glaber, zwei Fische
aus dem Uebergangskalke der Eifel.
S. 105. Perca (Smerdis?) Laurenti aus einem Tertiärgebilde
Aegyptens.
S. 134. Halicyne und Litogaster, zwei Crustaceengattungen
aus dem Muschelkalk Württembergs.
S. 141. Selenisca and Eumorphia, zwei Krebse ans der
Oolithgruppe Württembergs.
S. 149. Myliobates pressidens, Cobitis longiceps und
Pycenodus faba.
S. 153. Apateon pedestris, aus der Steinkohlenformation
von Münsterappel.

S. 182. Jonotus reflexus, ein Trilobit aus der Grauwacke der Eifel.
S. 195. Fossile Fische aus dem Muschelkalk von Jena, Querfurt und Esperstädt.
S. 209. Ueber den Archegosaurus der Steinkohlenformation.
S. 216. Fische, Crustaceen, Echinodermen und andere Versteinerungen aus dem Muschelkalk Oberschlesiens.
S. 280. Sphyraenodus aus dem Tertiärsande von Flonheim.
Band II
S. 1. Die tertiären Süßwassergebilde des nördlichen Böhmens und ihre fossilen Thierreste, gemeinschaftlich mit A. E. Reuss
S. 75. Ueber die Beschaffenheit des Stosszahns von Elephas primigenius in der Jugend.
S. 78. Palaeomeryx eminens.
S. 82. Ctenochasma Römeri.
S. 85. Fossile Fische aus dem Tertiärthon von Unterkirchberg an der Iller.
S. 237. Chelydra Murchisoni und Chelydra Decheni.
Band III
S. 53. Squaliden-Reste aus dem Posidonomyen Schiefer des Oberharzes bei Ober-Schulenburg.
S. 82. Coecosteus Hercynius.
Band IV
S. 1. Ueber die Crustaceen der Steinkohlenformation von Saarbrücken.
S. 44. Jurassische und triasische Crustaceen.
S. 56. Ueber den Jugendzustand der Chelydra Decheni aus der Braunkohle des Siebengebirgs.
S. 61. Anthracotherium Dalmatinum aus der Braunkohle des Monte Promina in Dalmatien.

S. 67. Crocodilos Bütikonensis aus der Süsswassermolasse von Bütikon.
S. 75. Ueber den Nager von Waltsch in Böhmen.
S. 80. Physichthys Höninghausi aus dem Uebergangskalke der Eifel.
S. 84. Schildkröte und Vogel aus dem Fischschiefer von Glarus.
S. 96. Helochelys Danubina aus dem Grünsande von Kelheim.
S. 106. Trachyteuthis ensiformis aus dem lithographischen Schiefer in Bayern.
S. 202. Sphaeria areolata aus der Braunkohle der Wetterau.
Band V
111. Palaeniscus obtusus, ein Isopode aus der Braunkohle von Sieblos.
Band VI
3. Saurier aus der Kreidegruppe in Deutschland und der Schweiz.
S. 14. Thaumatosaurus Oolithicus aus dem Oolith von Neuffen.
S. 19. Ischyrodon Meriani aus dem Oolith im Frickthal.
S. 32. Neuer Beitrag zur Kenntnis der fossilen Fische aus dem Tertiärthon von Unterkirchberg.
S. 81. Arionius servatus, ein Meersäugethier der Molasse.
S. 44. Delphinus canaliculatus aus der Molasse.
S. 50. Schildkröten und Säugethiere aus der Braunkohle von Turnau in Steyermark.
S. 56. Trachyaspis Lardyi aus der Molasse der Schweiz.
S. 59. Reptilien aus der Steinkohlenformation in Deutschland.
S. 219. Nachtrag, insbesondere zu Archegosaurus latirostris.

S. 221. Labyrinthodonten aus dem bunten Sandstein von Bernburg.
S. 246. Psephoderma Alpinum aus dem Dachsteinkalk der Alpen.
Band VII
S. 3. Squatina (Thaumas) speciosa aus dem lithographischen Schiefer von Eichstädt.
S. 9. Asterodermus platypterus aus dem lithographischen Schiefer von Kelheim.
S. 12. Archaeonectes pertusus ans dem Ober-Devon der Eifel.
S. 14. Fossile Chimaeriden aus dem Portland von Hannover.
S. 19. Perca Alsheimensis und Perca Moguntina aus dem Mittelrheinischen Tertiärbecken.
S. 25. Stenopelix Valdensis, ein Reptil aus der Wealdenformation Deutschlands.
S. 35. Sclerosaurus armatus aus dem bunten Sandstein von Rheinfelden.
S. 41. Meles vulgaris aus dem diluvialen Charenkalke bei Weimar.
S. 47. Salamandrinen aus der Braunkohle am Rhein und in Böhmen.
S. 74. Lacerten aus der Braunkohle des Siebengebirgs.
S. 79. Rhamphorhynchus Gemmingi aus dem lithographischen Schiefer in Bayern.
S. 90. Melosaurus Uralensis aus dem Permischen System des westlichen Urals.
S. 99. Osteophorus Roemeri aus dem Rothliegenden von Klein-Neundorf in Schlesien.
S. 105. Delphinus acutidens aus dem Posidonomyen-Schiefer Deutschlands.
S. 123. Frösche aus Tertiärgebilden Deutschlands.

S. 183. Die Prosoponiden oder Familie der Maskenkrebse.
S. 323. Actosaurus Tommasinii aus dem schwarzen Kreideschiefer von Comen am Karste.
S. 232. Coluber (Tropidonotus) atavus aus der Braunkohle des Siebengebirgs.
S. 241. Saurier aus der Tuffkreide von Maestricht und Folxles-Caves.
S. 245. Lamprosaurus Goepperti aus dem Muschelkalk von Krappitz in Ober-Schlesien.
S. 248. Phanerosaurus Naumanni aus dem Sandstein des Rothliegenden in Deutschland.
S. 253. Reptilien aus dem Stubensandstein des obern Keupers.
Band VIII
S. 18. Micropsalis papyracea aus der rheinischen Braunkohle.
S. 27. Eryon Raiblanus aus den Raibler-Schichten in Kärnthen.
Band X
S. 1. Pterodactylus spectabilis aus dem lithographischen Schiefer von Eichstädt.
S. 87. Zu Pleurosaurus Goldfussi am dem lithographischen Schiefer von Daiting.
S. 47. Pterodactylus micronyx aus dem lithographischen Schiefer von Solenhofen.
S. 53. Archaeopteryx lithographica aus Solenhofen.
S. 57. Placodus Andriani aus dem Muschelkalk der Gegend von Braunschweig.
S. 83. Ichthyosaurus Strombecki aus dem Eisenstein der untern Kreide von Gross-Döhren.
S. 87. Chimaera avita aus dem lithographischen Schiefer von Eichstädt.

S. 147. Tertiäre Decapoden aus den Alpen, von Oeningen und dem Taunus.
S. 227. Der Schädel des Belodon aus dem Stubensandstein des obern Keupers.
S. 292. Heliarchon furcillatus, ein Batrachier aus der Braunkohle von Rott im Siebengebirge.
S. 299. Zu Palpipes priscus aus dem lithographischen Schiefer in Bayern.
S. 305. Sphyraena Tyrolensis aus dem Tertiärgebilde von Häring in Tyrol.
Band XI
S. 175. Die Placodonten, eine Familie von Sauriern der Trias.
S. 222. Ichthyosaurus leptospondylus Wagn. aus dem lithographischen Schiefer von Eichstädt.
S. 226. Delphinopsis Freyeri Müll. aus dem Tertiärgebilde von Radoboj in Croatien.
S. 233. Die diluvialen Rhinoceros-Arten.
S. 285. Archaeotylus ignotus.
289. Parachelys Eichstaettensis aus dem lithographischen Schiefer.
Baud XIV
S. 1. Die Schädel von Glyptodon.
S. 31. Fossiles Gehirn von einem Säugethier aus der niederrheinischen Braunkohle.
S. 99. Reptilien aus dem Stubensandstein des obern Keupers,
S. 125. Fossile Vögel von Radoboj und Oeningen.
Band XV
S. 1. Ueber die fossilen Reste von Wirbelthieren, welche die Herrn von Schlagintwoit von ihren Reisen in Indien uud Hochasien mitgebracht haben.
S. 41. Zu Chelydra Decheni aus der Braunkohle des Siebengebirgs.

S. 49. Homaeosaurus Maximiliani aus dem lithographischen Schiefer von Kelheim.
S. 98. Reptilien aus dem Kupfersandstein des West-Uralischen Gouvernements Orenburg.
S. 159. Die fossilen Reste des Genus Tapirus.
S. 201. Individuelle Abweichungen bei Testudo antiqua und Emys Europaea.
S. 223. Ueber fossile Eier und Federn.
S. 253. Amphicyon? mit krankem Kiefer aus dem tertiären Kalk von Flörsheim.
S. 261. Psephoderma Anglicum aus dem Bonebed in England.
S. 265. Saurier aus dem Muschelkalk von Helgoland.
Band XVII
S. 1. Studien über das Genus Mastodon.
S. 225. Ueber Titanomys Visenoviensis und fossile Nager aus der Braunkohle von Rott.

Memoires de la Société d'histoire naturelle de Strasbourg.
1847 Bd. 2. Recherches sur les ossements fossiles du grés bigarré de Soultz-les-Bains, mit 2 Tafeln

Bulletin de la Société des naturalistes de Moscou.
1840 No. 3. Brief an Staatsrath von Fischer.

Schlesische Gesellschaft für vaterländische Cultur.
1847 S. 37–44. Vorläufige Uebersicht der in dem Muschelkalk Oberschlesiens vorkommenden Saurier, Fische, Crustaceen und Echinodermen.

Kastner, Archiv für Naturlehre.
1824 Bd. III. S. 366. Gedanken über den Demant und den Quarz.

1825 Band V. S. 62. Beschreibung des Battenbergs.
Band VI. S. 322. Ueber einen zu Mühlhausen und Frankfurt a.M. beobachteten Sonnencometen, mit Abbildung.
S. 332. Selengehalt bayerischer Erze; Gypskugeln bei Frankfurt a/M.
1826 Band VII S. 121 S. 486 Rüppells Reisebericht, nach der Iris abgedruckt.
S. 181. Ueber einige vorweltliche Thierreste bei Friedrichsgemünd.
S. 185. Beschreibung des Echino-Encrinites Senkenbergii mit Abbild.
Band VIII. S. 232. Nachtrag zu Echino-Encrinites Senkenbergii.
S. 436. Lithionglimmer anf Elba.
S. 437. Frankfurts geognostische Beschaffenheit.
1827 Band X. S. 33. Ueber fossile Ochsenschädel.
Band XII. S. 476. Neue gefundene Säugethierknochen.
1828 Band XIII. S. 71. Meteorologische Eigenschaften des 14. Januar 1827 und des 18. Januar 1828.
S. 237. Einige Resultate aus meinen Beobachtungen der Lichtphänomene an Sonne und Mond.
Band XIV. S. 342. Turmalin der Insel Elba.
1829 Band XV. S. 449. Meteorologische Beobachtungen vom 15. Januar 1827.

Kastner, Archiv für Chemie und Meteorologie.
Band II. S. 391. Eine bemerkenswerte Regenbogenbildung.
Band III. S. 1. Ueber Nordlichterscheinungen und das Nordlicht vom 7. zum 8. Januar 1831 in Frankfurt a.M. mit besonderer Rücksicht auf Form und Färbung.

Poggendorff's Annalen der Physik und Chemie
1847 S. 165. Ein Feuermeteor, beobachtet zu Frankfurt a.M.

Jahrbücher für wissenschaftliche Kritik in Berlin
1831 Aug. No. 33 u. 34. Ueber Zippe's Gebirgsformationen in Böhmen.
No. 93 u. 95. Ueber de la Beche, sections & views etc.
1832 Juli No. 15. Esquisse d'un tableau etc.
Oct. No. 69. Dieselbe Anzeige im groben Druck wiederholt.
1833 Jan. No. 7. Ueber de la Beche, geological manual.
No. 19– 20. Bronn, Woodward und Hartmann Versteinerungen.
Febr. No. 33–39. Thurmann, Essais sur les soulèvements Jurassiques de Porrentruy.
1835 Juli No. 15. Mantell, Geology of the South-east of England, London 1833.
1885 Aug. No. 40. Hawkins, Mémoir of the Ichthyosaurus & Plesiosaurus. London 1834.
1887 April No. 78. Jäger, die fossilen Sängethiere Württembergs. Stuttgart 1835.
Juni No. 107–113. Buckland. Mineralogy & Geology.
1838 Aug. No. 35. Memoire sur le Poekilopleuron Bucklandi par E. Deslongchamps.

Jenaische Allgemeine Literaturzeitung 1848 (letzter Jahrgang).
No. 107–108. Jubilaeum semisaeculare des Dr. Fischer de Waldheim etc.
No. 164–165. Goldfuss, Beiträge zur vorweltlichen Fauna des Steinkohlengebirgs.
No. 192. Ansted, the ancient world.
No. 290. 291. 292. Haidinger, Berichte über die Mittheilungen von Freunden der Naturwissenschaften in Wien. – Naturwissenschaftliche Abhandlungen. F. v. Hauer, die Cephalopoden des Salzkammerguts.

Leonhard's Zeitschrift für Mineralogie.
1835 Nov.-Heft. Becken eines Reptils im Cerithienkalk bei Alzei gefunden.
1827 Sept.-Heft Formation des Steinkohlensandsteins mit Diorit bei Frankfurt. S. 305.
1829 Febr.-Heft. Ueber Choeropotamus Soemmeringii et Equus primigenius p. 150.
April-Heft Ueber Equus angustidens p. 280.
Sept.-Heft. Ueber Versteinerungen von Solenhofen, p. 690.

Neues Jahrbuch für Mineralogie, Geognosie, Geologie und Petrefakten-Kunde (A) = Abhandlung, (B) = Brief
1830 S. 296. Dolerit, Harmotom; Aatragalus von Lophiodon (B).
1831 S. 72. Lias von Banz (B).
S. 296 Dinotherium Bavaricum (B).
S. 391. Ueber das Genus Aptychus (A).
S. 432. Einwürfe gegen Coelodonta Bronn (B).
1832 S. 1. Ueber die Felsblöcke im Fichtelgebirge und in Böhmen (A).
S. 214. Porphyr und Diorit der Gegend um Kreuznach. Fossile Knochen des Antiquariums in Speyer (B).
S. 230. Calamopora dubia aus dem Dachschiefer von Kaup (B).
S. 268. Die Abtheilung der Mineralien und fossilen Knochen im Museum der Senkenbergischen naturforschenden Gesellschaft in Frankfurt geordnet (A).
1835 S. 64. Trüglichkeit der Analogie bei dem Studium der fossilen Knochen; fossile Schildkröten im Torf (Emys turfa); Palinurus Sueurii; neue Saurier des Muschelkalks und des bunten Sandsteins, wobei Odontosaurus; tertiäre Cetaceen-Reste, vielzähliger Cidarites coronatus (B).

1835 S. 328. Ueber Pemphyx, Glyphaea, Prosopon und Eryon (B).
1836 S. 55. Fossile Sepien: Leptoteuthis; sechsstrahliger Galerit; Glyphaea; Prosopon; Isocrinites; fossile Wirbelthiere von Oeningen, Heudorf, Hohenhöwen; fossile Knochen im Torf von Enkheim bei Frankfurt (B).
1837 S. 314. Die Bayreuther Petrefakten-Sammlung; über Saurier, Eryon, Glyphaea, Aptychus, Isocrinus, Chelocrinus, Plateosaurus, Pterodactylus (B).
S. 357. Tertiäre Knochen der Schweiz; Pterodactylus von Solenhofen; fossile Krebse; Saurierwirbel im Neocomien; Portland-Formation von Solothurn mit Sauriern; über das Mainzer Becken (B).
S. 674. Knochen aus dem Bohnerz von Heudorf bei Mösskirch; Saurier und Pemphyx im Muschelkalk des Fürstenberg'schen; fossile Knochen aus der Schweizer Molasse (B).
1838 S. 413. Fossile Säugethiere; Zähne der Wiederkäuer, Palaeomeryx-Arten; Orygotherium; Cervus, Harpagodon, Pachyodon, Schweine, Chalicomys, Rhinoceros Goldfussi; Vögel; Chelydra, Chelonia, – Mastodon, Elephas, Cetaceum. – Machimosaurus; Conchiosaurus; Charitosaurus; Pterodactylus; Krebse, Aptychus (B).
S. 667. Ueber Halianassa, Crocodilus, Pterodactylus, Bos, Elephas, Cervus (B).
1839 S. 1 Die fossilen Säugethiere, Reptilien und Vögel aus den Molassen-Gebilden der Schweiz (A).
S. 76. Saurierwirbel; Plerodon, Idiochelys Fitzingeri, Eurysternum Wagleri; Pugmeodon; Plateosaurus; Knochen im Salzbachthal bei Wiesbaden; Knochen im Mosbacher Sand (B).

S. 559. Ueber Nothosaurus; Knochen von Weisenau, Hyalith bei Frankfurt (B).
S. 688. Ein Vogel im Kreideschiefer des Kanton Glarus (A).
S. 699. Pistosaurus; fossile Knochen aus Weisenau u. dem Waadtland (B).
1840 S. 96. Idiochelys Wagneri; Felis prisca in Gailenreuth; Phoca ambigua; Saurier aus Jenaer Muschelkalk; Wirbelthiere im Mombacher Tertiärkalk (B).
S. 576. Ueber Uhde's mexikanische Sammlung; Mastodon, Elephas, Rhinoceros, Equus, Carcharias; – Knochen aus dem Rhein in Mannheim; – fossile Affen; Saurier-Reste im Bayreuther Muschelkalk; – Säugethierreste aus der Schweizer-Molasse; Macrospondylus von Boll; Mastodonsaurus von Stuttgart; Fische von Münsterappel; Saurier in Lias und Kupferschiefer; Prosopon rostratum aus Kelheim; Glyphaea; Halianassa, Hyotherium (B).
S. 587. Cheirotherium identisch mit Halianassa; Squalodon (B).
1841 S. 96. Carcinium sociale im Jurakalk von Dettingen; Owens (Hyotherium) Syotherium und Hyracotherium synonym; Ursus, Rhinoceros und Cervus in Bohnerz zu Blaubeuren; Ursus, Equus und Cervus im Diluvium von Baltringen; Zähne von Haien und Chimaera? Knochen von Halianassa Studeri, ‚Rhinoceros incisivus, Phoca, Cervus lunatus in Molasse daselbst; Skelette von Ichthyosaurus und Macrospondylus aus Lias von Boll; Halianassa begreift Cheirotherium Brnno's and Metaxytherium Christol's in sich (B).
S. 101. Proterosaurus; Grateloup's Squalodon bei Scilla? grosse Verbreitung von Hyotherium, 3 Arten desselben (B).
S. 176. Thaumatosaurus oolithicus (A).

S. 241. Hippopotamus im Mosbacher Sand bei Wiesbaden; Blainville's Meinung von dem Phokenkiefer bei Scilla und von Squalodon; Mastodon angustidens in der Molasse von Baltringen; Squalus-Wirbel in Kreide von Appenzell (B).
S. 315. Arionius servatus aus der Molasse von Baltringen (A).
S. 365 Weitere Knochen in Molasse von Baltringen, Palaeotherium Aurelianense, Rhinoceros incisivus, Rh. 8chleiermacheri und Mastodon angustidens von Georgensgmünd (B).
S. 443. Pholidosaurus Schaumburgensis aus dem Sandstein der Waldformation Norddeutschlands (A).
S. 458. Fossile Knochen von Wiesbaden; Felis, Ursus, Palaeomeryx Scheuchzeri in Molasse Sigmaringens. Palaeotherium Aurelianense, Rhinoceros incisivus, Hyotherium Sömmeringi und Palaeomeryx Bojani im Kalk von Georgensgmünd, Hyotherium medium, Rhinoceros incisivus and Rh. minutus, Mastodon angustidens, Dinotherium bavaricum und D. minutum, Tapirus Helveticus, Cervus lunatus, Pachyodon mirabilis, Arionius servatus und Trionyx im Bohnerz zu Mösskirch und Heudorf, Inclusienartige Bildungen bei Mombach; Namen des Mastodonsaurus, Anthracotherium? Alsaticum zu Hochheim, ein Saurus in Braunkohle des Westerwaldes, Oplotherium Laizer = Microtherium H. v. M. (B).
1842. S. 99. Sinosaurus n. g. im Muschelkalk von Lüneville, Nothosaurus Schimperi daselbst, Ausarbeitung der Knochen aus dem Gestein, Protosaurus Thüringens, Metaxytherium und Halianassa sind verschieden, Rhinoceros in Molasse bei Lausanne, Dinotherium bavaricum und Mastodon angustidens in der Sammlung zu München (B).
S. 184. Simosaurus, ein Saurier aus dem Muschelkalk von Lunéville (A).

S. 261. Ueber die Füsse des Pemphix Sucurii (A).
S. 301. Labyrinthodonten Genera; Mastodonsaurus, Capitosaurus und Metopias und deren Arten, Belosaurus Plieningeri im Keuper Württembergs, Simosaurus in Deutschland, Glaphyrorhynchus Aalensis im Untereisenoolith und Brachytaenius perennis im gelben Jurakalk Württembergs, Pterodactylus Meyeri von Kelheim, Prosopon und Pithonothon-Arten daselbst (B).
1842 S. 583. Nothosaurus auch im Muschelkalk zu Lunéville, Simosauros von dort, Labyrinthodonten – Xestorrhytias Perrini daselbst; Nothosaurus mirabilis im Muschelkalk Basels, neuer Saurier im Untereisenoolith zu Aalen; Trochictis carbonaria, Cervus lunatus, Mastodon Turicensis, Rhinoceros, Schildkröten und Myliobates aus Tertiärbildungen der Schweiz, Tapirus priscus, Dorcatherium von Eppelsheim, Palaeomeryx von Mombach, Kritik über de Christols Arbeit über Rhinoceros, Rh. Merkii im Rhein-Diluvium, Cancer Klipsteinii von Kressenberg, Carcinium sociale von Dives (B).
1843 S. 379. Summarische Uebersicht der fossilen Wirbelthiere des Mainzer Tertiärbeckens, mit besonderer Rücksicht auf Weisenau (A).
S. 579. Homo diluvii testis, Latonia (Ceratophrys) Seyfriedi und Pelophilus Agassizi von Oeningen, Rhinoceros minutus und Palaeomeryx medius in Braunkohle des Westerwaldes, Rana diluviana in Braunkohle bei Giessen, fossile Knochen der Mardolce-Höhle bei Palermo (Hippopotamus Pentlandi, Hirsch, Canis spelaeus, major et minor) Sandgebilde von Mosbach bei Wiesbaden, Rhinoceros Merki. Rh. tichorhinus –? Arvicola, Esox lucius, Elephas primigenius, Rhinoc. Merki, Hippopotamus, Ursus, Cervus zu Mosbach. Ursus bei Mauer. Pterodactylus grandis, Pt. dubius, Pt. secundarius, Pt.

longicaudus, Pt. longipes, Pt. Meyeri, Aplax Oberndorferi und Euryisternum Wagleri aus dem lithographischen Kalke, Clemmys Rhenana und Cl. Taunica aus dem Mittelrheinischen Tertiärbecken. Saurier aus dem Muschelkalke Lothringens, Labyrinthodon, Nothosaurus und Simosaurus (einst für Schildkröten gehalten). Pistosaurus aus dem Muschelkalk von Bayreuth. Labyrinthodon, Nothosaurus, Simosaurus und Xestorrhytias im Muschelkalk von Crailsheim und Bayreuth. Protosaurus von Rottenburg. Conchorhynchus avirostris von Pappenheim. Cancer Paulino-Württembergensis aus Nordafrica, Cancer Sismondai bei Turin, Genoplax Latreillii (Gaill.) im Muschelkalk ist ein Wirbelthierrest (B).
S. 698. Molasse-Knochen von Schildkröten. Trachyaspis, Trionyx, Clemmys, Testudo, Emys, von Rhinoceros, Hyotherium, Palaeomeryx, Pachyodon, Lamua, Myliobates – Chelydra Murchisonii und Canis palustris von Oeningen, Acanthodon ferox und Frösche von Weisenau; Halianassa. Emys hospes und Myliobates von Flonheim, Mastodon von Langenwahlheim, Pachydermen aus Australien, Halianassa (Halitherium Christolii Fitz) und Squalodon Grateloupii bei Linz (B).
1844 S. 289. Ueber die fossilen Knochen aus dem Tertiärgebilde des Cerro de San Isidro bei Madrid (A).
1844 S. 329. Ankündigung „der Fauna der Vorwelt". Fossile Säugethiere, Vögel und Reptilien von Oeningen, über eine allgemeine Uebersicht der fossilen Wirbelthiere, Lagomys, Chelydra, Coluber Oweni u. a. Arten, Grapsus speciosus, Homelys major und minor und Vogelreste von Oeningen, Microtherium Renggeri von Weisenau, Palaeomeryx-Arten und Hyotherium Meissneri zu Mombach; Halianassa zu Flonheim. Hyotherium medium in Molasse der Schweiz,

Palaeotherium, Rhinoceros, Palaeomeryx-Arten von
Georgensgmünd, Myliobates-Arten von Kressenberg,
Myliobates- und Zygobates-Arten von Alzey, verschiedene
Arten von Oolithen daselbst. Aetobates in der Molasse.
Apateon pedestris in Schiefer von Münsterappel.
Conchorhynchus zu St. Cassian, über Klytin und Carcinium;
Protornis Glurisiensis; Beziehungen der alten Burgen am
Rhein zum Felsgefüge des Bodens (B).
S. 431. Fossile Knochen aus Höhlen im Lahn-Thale (A).
S. 564. Coluber-Reste: Aspidonectes Gergensii und
Vogelknochen aus dem Mainzer Becken; Tapirus helveticus
in Molasse, Cervus lunatus und Chalicomys Jägeri in
Braunkohle der Schweiz: Reptilienreste in der
Wealdenformation Norddeutschlands; verschiedene
Crustaceen in Muschelkalk; Emys im Torf von Enkheim (B).
S. 689. Mystriosaurus Senkenbergianus; fossile Gaviale
überhaupt; Grapsus speciosus; Latonia von Oeningen,
ehemals für einen Ornitholithen gehalten (B).
1845 S. 278. System der fossilen Saurier (A).
S. 308. Wirbelthiere im Wienerbecken: Arvicola pratensis,
Canis? Vulpes, Krokodil, Phoca? rugidens, Dinotherium?
Bavaricum?, Halianassa, Palaeomeryx Bojani, ? Coluber,
Schildkröte, Nager: Knochen zu Flonheim: Canis vulpes;
Saurier im Neocomien von Neuchatel; Zähne im
Portland und Korallenkalk des Lindener-Berges bei
Hannover; Machimosaurus Hugii, Sericosaurus Jugleri; noch
kein Plesiosaurus im deutschen Lias; über den
Trematosaurus des Norddeutschen Buntsandsteins (B).
S. 456. Cancer Paulino-Württembergensis aus Aegypten; C.
Bruckmanni von Kressenberg; Palaeomeryx im Tertiärgypse
von Hohenhöven (B).
S. 797. Erwiderung an Kaup (vgl. S. 583). Vespertilio praecox

und V. insignis im Weisenauer-Kalke; 53 fossile Wirbelthierarten im Lahn-Thale; Frösche im obern Tertiärkalke bei Osnabrück; Proterosaurus macronyx. n. sp. im Kupferschiefer (B).
1846 S. 327. Prioritäts-Erörterungen mit Rüppell, Pugmeodon Sehinzi Kaup, Manatus Schinzi Blainv. ist Halianassa Collinii (B).
S. 462. Pterodactylus (Rhamphorhynchus) Gemmingi von Solenhofen; Krabben von Kressenberg; Vogelknochen aus Löss; Säugethierknochen aus Höhlen im Doubs-Dept., tertiäre Wirbelthiere zu la-Chaux-de-Fonds, theils von neuen Geschlechtern; Säugethiere theils neuer Genera in Knochen-Breccie aus Solothurn; Fisch- und Säugethierknochen aus dem Wiener Becken: Krebse daselbst; Säugethiere in Molasse zu Günzburg; neue Säugetiere von Weisenau; tertiäre Fischreste zu Mainz (B).
S. 513. Der Wirbelthiergehalt der diluvialen Spalten und Höhlenausfüllungen im untern Lahnthal (A).
S. 596. Devonische Fischreste im Eifeler-Kalkstein; tertiäre Fische aus rheinischem Becken; Trachytheuthis, ein neues Sepien-Genus von Solenhofen; Krebse und Insekten von da; neue Säugethierknochen von Georgensgmünd; fossile Insektenfresser zu Weisenau (A).
1847 S. 181. Palaeosaurus Sternbergi Fitz = Sphenosaurus Sternbergi Mey. Homaeosaurus Maximiliani und Rhamphorhynchus longicaudus M. von Solenhofen; Palaeomeryx eminens n. sp. und Canis palustris von Oeningen; Stephanodon Mombachensis, ein neues Raubthier des Mainzerbeckens; diluvialer Arctomys von Mombach u. a. O. Knochen von Castor Europaeus in einer Höhle an der Fulda: Elephas primigenius im Löss bei Donaueschingen; Labyrinthodon Fürstenbergensis n. sp. aus dem

Vogesensandstein des Schwarzwaldes bezeichnet diesen noch
als Triasglied; viele Knochen im Bohnerz von Willmadingen,
viele Knochen im Bohnerz zu Mösskirch; Mastodon
angustidens im Molassen-Sandstein von Willmadingen; Jägers
Lophiodonknochen aus Bohnerzen gehören zu Rhinoceros
und Tapir; Palaeomeryx Scheuchzeri im Süsswasserkalk von
Steinheim; dazu gehören wohl die dortigen Knochen von
Cervus capreolus und Antilope bei Jäger; Rhinoceroszahn im
Süsswasserkalk bei Ulm; Säugethierreste im Jurakalk;
Selenisca gratiosa M, ein langschwänziger Krebs im weissen
Jurakalk; Rhinoceros und Palaeomeryx medius in Braunkohle
am Hohen-Rhonen; dreierlei Cetaceen im Tertiärsande
bei Linz; Halianassa Collinii, Squalodon Grateloupi u. a., viele
tertiäre Knochen aus Steyermark; Ichthyosaurus im Kalke
Steyermarks; fossile Höhlenthiere bei Verona; tertiärer Krebs
und Reptilien in Böhmen, Nager und Wiederkäuer, Reptilien
und Fische in Molasse bei Günzburg; Rhinoceros, Hyotherium
und Tapir im Süsswasserkalk bei Ulm, über Blainville's
Ostéographie, Rhinoceros (B).
S. 454. Ankündigung der Fauna der Vorwelt, II. I: Saurier des
Muschelkalks; Mastodonsaurus Vaslenensis im Buntsandstein
bei Strassburg; Hyotherium und Platemys im tertiären
Süsswasserkalk des Donauthales; Brachymys statt Micromys
M. (B).
S. 572. Saurier, Fische, Kruster und Echinodermen im
Muschelkalke Oberschlesiens; tertiäre Säugethier- und
Reptilienreste Oesterreichs; dabei Psephophorus polygonus
M., ein Dasypusartiger Panzer; Süsswasserkalk mit
Nagerresten bei Schemnnitz und Kremnitz (B).
S. 669. Die erloschene Cetaceen-Familie der Zeuglodonten
mit Zeuglodon und Squalodon (A).
1848 S. 307. Ueber Dadocrinus gracilis mit 1 Holzschn. (B).

8. 424. Die fossilen Fische aus den tertiären Süsswassergebilden in Böhmen (A).
S. 465. Fossile Saurier des Muschelkalks II; Schmid's Muschelkalk, Versteinerungen von Jena; Dadocrinus; Ceratochus; Thyellina prisca, Palaeoniscus pygmaeus; Protosaurus Speneri; Archegosaurus minor und Sclerocephalus; Trematosaurus; Prosopon spinosum und Eumorphia socialis; Polyptychodon interruptus; Chalycomys Eseri; Chalydouius; Hyotherium Soemmeringi; Elephas primigenius und Arvicola in Löss; Diplocynodon Pomel = Pterodon Mey. Steneofiber castorinus = Chalicomys?, Dremotherium und Amphitragulus = Palaeomeryx oder Dorcatherium?; Analogie zwischen Nordamerika und Oeningen; Canis (Vulpes) palustris von Oeningen; Mastodon angustidens, Sciurus Bredai von Oeningen. Anguisaurus von Solenhofen; zur Geschichte der Molassebildung; Süsswasserfische bei Ulm (B).
S. 781. Die fossilen Fische aus dem Tertiär-Thone von Unterkirchberg (A).
1849 S. 547. Wirbelthierreste (Palaeotherium, Auoplotherium, Microtherium, Lophiodon, Tapirus, Hyotherium, Rhinoceros, Amphicyon, Palaeomeryx, Titanomys. Talpa. Halianassa, Squalodon. Crocodilus. Triouychidae) von Egerkingen in Solothurn, von Oberbuchsiten, von Günzburg, Ulm, Westerwald, Mombach, Linz; Krebse im Jura: Klytia ventrosa und Glyphaea Hauensteini (B).
1850 S. 195. Sapheosaurus und Atoposauros im lithographischen Jurakalk des Ain-Depts., letzteres mit Pterodactylus longirostris auch zu Solenhofen; Cancer hispidiformis im Nummulitensandstein bei Gmünden; tertiäre Säugethier-Knochenpanzer; Zeuglodon-Reste bei

Linz; Dorcatherium, Anthracotherium, Palaeomeryx,
Rhinoceros, Sus, Phoca, Dinotherium, Listriodon, Cervus,
Halianassa und Nager im Wienerbecken; fossiler Vogel von
Radoboj. Anthracotherium, Rhinoceros, Microtherium in
Nassauer-Braunkohle. Capra und Bos im Torf bei Frankfurt
(B).
1851 S. 75. Polyptychodon interruptus im Flammenmergel
bei Goslar; Säugethierknochen in Braunkohle der Molasse
der Schweiz; mitteltertiäre Säugethiere und Reptilien-
Knochen zu Haslach bei Ulm; über fossile Emys- und
Platemys-Arten; Fische aus dem Tertiärthon von
Unterkirchberg bei Ulm; Dadocrinus, Nothosaurus und
Fische im Muschelkalke Oberschlesiens (B).
S. 677. Reisenberg bei Günzburg mit mitteltertiären
Säugethieren, Reptilien, Fischknochen und Krustern
(Gastrosaceus). Fische und Insekten der Braunkohle bei
Westerburg in Nassau; Wirbelthierreste in der Blätterkohle
von Rott am Siebengebirg (Viverriden, Krokodile,
Wiederkäuer, Colubrinen, Chelydra); Rhinoceros und?
Anoplotherium im Hickengrund am Westerwald;
Zahngebilde beim jungen Elephas primigenius. Knochen-
Breccie von Säugethierresten bei Beremond im Baranyaer-
Komitate; Saurichthys tenuirostris des Muschelkalks;
Säugethierknochen in einer Lehmgrube in Lorch in Nassau
(B).
1852 S. 57. Coccosteus Hercynicus n. sp. in Harzer Grau-
wacke; Batrachier in der Wetterauer Braunkohle; Rana,
Palaeobatrachus und Palaeophrynus, Tertiär-Fische (B).
S. 301. Nothosaurus in Cryptina-Kalk der Alpen; Cancer-
Arten und Krokodilzähne der Nummalitenkalke der
Ostalpen; Arionius servatus in Molasse von Passau.
Stephanodon Mombachensis und Percoiden in Molasse von

Günzburg. Tapirus Helveticus, Palaeomeryx pygmaeus, Trionyx, Emys, Carcharias, Myliobates, Aetobates in Meeres-Molasse von Niederstotzingen, Krokodile, Schildkröten, Geweihe, Amphitherium Aurelianense und Hyotherium Soemmeringi in der Molasse von Reisenberg; Lebias cephalotes in Molasse von Günzburg, Emys und Clemmys-Arten in der Molasse von Haslach; Palaeotherium. Plagiolophus. Dichobune, Dichodon, Hyaenodon (Taxotherium. Pterodus). Fleischfresser, Vögel, Krokodil, Emydiden in Bohnerz von Frohnstetten; Anthracotherium Sandbergeri in Braunkohle den Westerwaldes, Cervus spelaeus aus dem Rhein (B).
S. 465. Schlangenhaut mit Knöchelchen in Papierkohle des Siebengebirges; Palaeobatrachus gigas n. sp. und Rana Troscheli von da; Palaeobatrachus Goldfussi und Triton Noachica aus der vom Stösschen, Rana Salzhausensis und Dicera Taschei, Insekten-Gänge und Koprolithen im Holze der Braunkohle der Wetterau. Xylophagus antiquus in Braunkohle von Westerburg ist Bibio antiquus; Porcellio carbonum von da; Hippopotamus major im Diluvial-Kies bei Wiesbaden (B).
S. 831. Eocäne Säugethiere von Frohnstetten; Plagiolophus Fraasi? Paloplotherium, Plagiol. minor, Dichodon Frohnstettensis; Molasse-Sand von Uffhofen mit Anthracotherium magnum; Batrachier in Braunkohle von Gusternhaen; der lithographische Schiefer von Cirin lieferte noch Pterodactylus, Sapheosaurus, Binnen-Sehildkröten und Chelonia.
1853 S. 161. Neue Crustaceen aus der Steinkohlenformation Saarbrückens: Achlophthalmus, Chorionotos und Arthropleura; neue Reptilienreste im Muschelkalk von Crailsheim, Simosaurus und Nothosaurus:

Protosaurus im Kupferschiefer: Palaeobatrachus gigas in
Braunkohle; Delphinusreste in schwäbischer Molasse;
Mastodon Turicensis in Molasse von Kirchberg; Rana
Meriani und Astacus? papyraceus in Braunkohle des
Siebengebirges; Wirbelthierreste in Molasse dea Berner Jura;
Saurier-Reste von Polyptychodon interruptus und Leiodon
anceps im Grünsande von Regensburg (B).
S. 578. Ankündigung des Werkes „Die Muschelkalksaurier";
der Nager von Waltsch in Böhmen (B).
1854 S. 47. Anthracotherium Dalmatinum vom Monte
Promina u. a. A.; Chelydra Dechenis aus Braunkohle des
Siebengebirges; Wirbelthierreste aus Braunkohle-
Konglomerat zu Glimbach an der Rabenau; angebliches
Vorkommen von Agnotherium antiquum and Hyaena
spelaea; fossile Reste im lithographischen Schiefer von
Nusplingen bei Spaichingen; Eryon Schuberti; Lithogaster;
Pemphyx; Pterodactylus longicollum n. sp. in Solenhofer
Schiefer; Acrosaurus Frischmanni von da; Reptilien und
Cancerarten im Kressenberger Nummuliten-Gestein (B).
S. 422. Monographie der Reptilien der Steinkohlenformation
Deutschlands; Archegosaurus, Sclerocephalus Haeuseri (B).
S. 575. Helochelys Danubiana n. g. & sp. im Grünsandstein
zu Kelheim: Idiochelys Fitzingeri & Wagneri im lithogr.
Schiefer von da; Platychelys Oberndorferi Wagn. und
Acichelys Redenbacheri n. g. et sp. von da: Crocodilus
Büticonensis in Molasse von Büticon Aargau's;
Wirbelthierreste in Braunkohle von Kaltennordheim und
vom Römerikenberg bei Rott; Cyprinus im Molasse-Thon
von Unterkirchberg; Asterolepis Hoeninghausi im Devonkalk
der Eifel (B).
1855 S. 526 Ausführliche Bescheibung von Archegosaurus
der Kohlenformation und Pterodactylus (Rhamphorhynchus)

Gemmingi; Pt. longirostris, Pt. secundarius; Homaeosaurus breviceps; der lithographische Schiefer; Tropidonotus atavus in rheinischer Braunkohle; Palaeoniscus Brongniarti und Smerdis zu Sieblos an der Rhön (B;).
S. 808. Tertiäre Fische von Ulm und Pterodactyle in Württemberg (B).
1856 S. 329. Ankündigung „zur Fauna der Vorwelt", III. Abtheilung; Palaeontographica
VI. Band; Säugethierreste von Klagenfurt; Wirbelthierreste aus der Molasse von Baltringen und aus der Braunkohle im Siebengebirge; Sphaeria aus der Wetterau (B).
S. 418 Plagiostomen-Genus Thaumas, Asterodermus; Acrosaurus aus lithogr. Schiefer (B).
S. 824. Osteophorus Roemeri, ein Labyrinthodonte aus dem Rothliegenden des böhmischen Riesengebirges; Ichthyosaurus-Wirbel in den Kössener Schichten im Achen-Thal; über Aterodermus und Squatina; Pterodactylus Kochi; Pt. micronyx n. sp., Pt. crassirostris und Homaeosaurus Neptunius; Smerdis und Perca ans der Braunkohle der Rhön; Palaeomeryx und Lacerta Rottensis in der Braunkohle bei Bonn (B).
1857 S. 532. Beiträge zur nähern Kenntnis fossiler Reptilien (B).
S. 554. Palaeontologische Arbeiten, Smerdis von Sieblos in der Rhön; Leuciscus, Cobitis u. a. Fische der Braunkohle von Eisgraben bei Fladungen; Palaeotherium medium von Mühlhausen; Wirbelthierreste aus dem Charen-Kalk des Ilmthales; die Prosoponiden (B).
1858 S. 59. Lophoerinus speciocus und Poteriorinus regularis in Posidonomyen-Schiefer; neue Prosopon-Arten; Palaeomeryx Kaupi und Dorcatherium Vindobonense in Molasse von Mösskirch; Arionius servatius von da; Elephas

primigenius. Bos priscus, Cervus in Diluvialletten bei
Frankfurt; über Pterodactylus-Reste (B).
S. 202. Pterodactylus und Racheosaurus des lithogr. Schiefer;
Paleobatrachus Goldfussi und Salamandra laticeps in
Braunkohle von Markersdorf in Böhmen; Rana Danubiana
aus Molasse von Günzburg; Abänderungen tertiärer
Fischarten; Palaeomeryx Scheuchzeri, P. Bojani, Chalicomys
Jaegeri u. a. aus Molasse; Dicroceras, Dorcatherium,
Micromeryx von Sansan; Archaeonectes pertusus, ein
plakoider Fisch aus oberdevonischem Kalke der Eifel: Eryon
Raiblanus n. sp. Ischyodus rostratus aus Hannövrischem
Portland; Goniosaurus Binkhorsti u. a. Reptilien aus
Kreidetuff von Maestricht und Münster (B).
S. 296. Macrochelys (? Colossochelys) mira, Testudo sp. und
Pycnodus faba aus Molasse von Oberkirchberg; Verbreitung
von Anthracotherium magnum; Untersuchung des
Zygosaurus lucius aus der russischen Permformation;
Melosaurus Uralensis von da; Protosaurus Speneri aus
Kupferschiefer von Riechelsdorf (B).
S. 535 Vier Labyrinthodonten-Arten aus dem bunten
Sandstein von Bernburg; Nager aus der Braunkohle des
Siebengebirges (B).
S. 646. Psephoderma Alpinum aus dem Dachsteinkalke der
Alpen (B).
1859 S. 172. Tertiäre Wirbelthiere von Haslach und
Steinheim b. Ulm: Palaeomeryx minor; Microtherium
Renggeri; Chalicomys Eseri; Titanomys Visenoviensis;
Myoxus obtusangulus; Talpa, Oxygomphius frequens,
O. simplicidens; Palaeogale foecunda; Mustela brevidens;
Cordylodon Haslachensis, Tropidonotus atavus; Listriodon
splendens; Delphinus acutidens aus Molasse vom Berlinger
Hof bei Stockach (B).

S. 427. Fossile Knochen der Züricher Sammluug: Bos priscus und Cervus tarandus aus Diluvial-Gebilden; Mastodon, Rhinoceros Goldfussi, Stephanodon Mombachensis, Amphicyon intermedius; Anchitherium Aurelianense; Crocodilus Büticonensis aus Molasse; Cervus lunatus; Chalicomys Jaegeri, Trochictis carbonaria, Tapirus Helveticus, Chalicomys minutus, Hyotherium Meissneri aus Braunkohle des hohen Rhonen. Hyotherium medium und Sus (Palaeochoerus) Wylensis aus Braunkohle von Nieder-Utzwyl in St. Gallen; Sorex coniformis aus Haslacher Tertiärmergel. Triton basalticus aus Basalttuff von Altkarnsdorf b. Rumberg in Böhmen. Saurier in Oxfordbildungen des Jura (B).
S. 723. Ankündigung des Werkes über die Reptilien des lithographischen Schiefer. Fossile Reste und Parallelstellung der Braunkohle von Rott im Siebengebirge; Andrias Tschudii; Coluber (Tropidonotus) atavus; Lacerta Rottensis; Palaeomeryx (Moschus) medius; Vogel-Federn; Micropsalis papyracea (B).
1860 S. 210. Rhamphorhynchus Gemmingi und Chimaera (Ischyodon) Quenstedt von Solenhofen; Unterschied zwischen älteren und jüngeren Panzer-Sauriern; tertiäre Eingeweidewürmer, Mermis antiqua (B).
S. 556. Belodon im Stubensandstein von Stuttgart; Acteosaurus Tommasinii aus Neocomien des Karstes; Rhinoceros Mercki bei Triest und im Mainzer Becken; Knochenhöhlen an der Lahn von zweierlei Art; Palaeomeryx pygmaeus und Sus Belsiacus von Günzburg; Trionyx-Eier im Mainzer Becken, Emys im Diluvialkalke von Cannstadt; Unterabtheilung von Salamandra und Polyhemia, Heliarchon etc. Lamprosaurus Goepperti aus Muschelkalk Schlesiens:

Phanerosaurus Naumanni in Rothliegendem von Zwickau (B).
1861 S. 68. Ueber Anguisaurus und Pleurosaurus als Glieder der Acrosaurier-Familie; Teratosaurus Suevicus im Stubensandstein Stuttgarts. Trematosaurus Bronni; Capitosaurus nasutus; Archegosaurus; die fossilen Eier bei Offenbach, Glyphaea ventrosa (B).
S. 464. Diluviale Rhinoceros-Arten des Rheinthales; Ichthyosaurus Strombecki im Eisenoolith bei Goslar, I. leptospondylus im lithograph. Schiefer Solenhofens; Pterodactylus spectabilis n. sp. von da; Placodus Andriani im Muschelkalk Braunschweigs; Palaeotherium magnum aus dem Breisgau; Palaeomedusa testa und Archelys Redenbacheri im lithogr. Schiefer (B.)
S. 561. Vogelfedern und Palpipes priscus von Solenhofen (B.)
S. 678. Archaeopteryx lithographica (Vogel-Feder) und Pterodactylus von Solenhofen (B.)
1862 S. 332. Belodon Kapffi im Stubensandstein von Stuttgart (B).
S. 590. Ueber Stylolithen des Muschelkalks von Friedrichshall (B).
1863 S. 186. Ueber Gobius Nassoviensis, Perca veterana; Rana Sieblosensis; Oxygomphius frequens; Fische aus dem Tertiärmergel von Häring; Prosopon Augusti (B).
S. 444. Chelitherium obscurum; Myliobates pressidens; über Prosoponiden aus dem weissen Jura von Aufhausen, Rhinoceros und Schildkrötenreste aus der Molasse von Heggbach; Reste von Coluber in der Braunkohle von Rott; Fischreste von Hammerstein in Baden (B).
S. 699. Monographie von Placodus aus dem Muschelkalk von Bayreuth (B).

1864 S. 187. Ueber die tertiären Wiederkäuer von Steinheim bei Ulm (A).
S. 206. Neue Schildkröte, Parachelys Eichstättensis aus dem lithogr. Schiefer; ein neuer Fisch, Archaeotylus ignotus; Prosopon Neuhausense aus dem weissen Jura von Amstetten; Prosopon mitella aus dem weissen Jura der Geisslinger Steige; über eigenthümliche Knochen (Amphicyon?) von Flörsheim: genauere Angaben über den Kiefer von Belodon Plieningeri (B).
S. 698. Glyptodon clavipes; über das Vorkommen von Psephoderma Alpinum; Chelydra Decheni in Braunkohle des Siebengebirges; in Sphärosiderit umgewandeltes Gehirn eines Säugethieres; Ueberreste eines grossen Vogels aus dem Molassenmergel von Oeningen; Zusätze zu der Schrift von Milne Edwards über die geologische Vertheilung fossiler Vögel; Säugethierzähne aus einem tertiären Letten von Tauenzinow in Oberschlesien (B).
1865 S. 57. Ueber Reste fossiler Wirbelthiere ans dem alpinen Keuper; über Wirbelthiere aus Molassensand von Biberach; der im Sphärosiderit zu Lebach vorkommende, als „Propater astacorum" beschriebene Rest ist ein Bruchstück von Archegosaurus Decheni; über Protosaurus, Carpus und Tarsus (B).
S. 215. Ueber einen tertiären Thon bei Nierstein mit Resten von Meletta und Amphisyle Heinrichi; über das Vorkommen ähnlicher Thon (Melettaschichten) an anderen Orten; Uebersicht der in den Tertiärgebilden von Eggingen bei Ulm vorkommenden Wirbelthiere; über Prosoponiden aus dem weissen Jura Schwabens; über Belodon aus dem Stubensandstein bei Stuttgart (B).
S. 603. Ueber Photographieen fossiler Reste; Gobius Nassoviensis in Thon bei Nierstein; Mittheilungen über die

von Schlagintweit aus Indien and Hochasien mitgebrachten fossilen Knochen und Zähne und über den Charakter von Asiens fossiler Wirbelthierfauna (B).
S. 843. Ueber Säugethierreste aus den Schichten von Steinheim bei Ulm; im lithogr. Schiefer sind bis jetzt keine Säugethiere nachgewiesen; Pterodactylus im Kimmeridge von Hannover (B).
1866 S. 575. Ueber Belodon: über Rhinoceros- und Mastodonzähne; Cervus diluvianus im Sande von Mosbach; Riesensalamander und andere Thierreste aus der Molasse von Reisenberg; Palaeomeryx aus dem Süsswasserkalk von Steinheim; Pachydermen von Eggingen; über Cratylus truncatus, eine neue, zu den Prosoponiden gehörige Versteinerung aus dem weissen Jura von Einsingen (B).
1867 S. 460. Mastodon angustidens von Heggbach; neue Vorkommnisse aus der Molasse von Biberach, Säugethierreste aus der Bohnerzformation der Grafenmühle bei Pappenheim; Anthracotherium Alsaticum aus der Braunkohle von Schlüchtern; Mustela Gamlitzensis aus der Braunkohle von Gamlitz bei Ehrenhausen (B).
S. 785. Ueber Mastodon (A).
1868 S. 48. Vollständiger Schädel von Placodus gigas aus dem Muschelkalk von Bayreuth (A).

Notizblatt des Vereins für Erdkunde zu Darmstadt und des mittelrheinischen geologischen Vereins.
Nr. 1. Mai 1857. S. 7. Brief über die pflanzenführenden Litorinellenschichten bei Frankfart a. M.

Jahrbuch der k. k. geologischen Reichsanstalt in Wien.
1860 XI S. 22. Ueber Acteosaurus Tommasinii.
1867 Nr. 3. S. 49. und Nr. 5. S. 97.

Sitzungsberichte der k. k. Akademie der Wissenschaften in Wien.
Nat. hist. Classe. I. Abth, Band 51. S. 488. 1868. Mittheilung an Haidinger, über Dendritenbildung auf Papier und über den vermeintlichen Werth der Dendriten zur Erkennung des geologischen Alters bei Versteinerungen.

Vorträge in Naturforscherversammlungen.
1828 Okens Isis S. 472. Bericht über Meyer's in der Versammlung der Naturforscher und Aerzte in München gehaltene Vorträge.
1830 Okens Isis S. 517. Bericht über meine in der Versammlung der Naturforscher und Aerzte in Heidelberg gemachten Mittheilungen.
1838 Verhandlungen der schweizerischen naturforschenden Gesellschaft bei ihrer Versammlung zu Basel 1838. S. 60–71. Ueber die fossilen Säugethiere, Reptilien und Vögel der Schweiz.
1842 S. 113. Amtlicher Bericht der 20. Versammlung der Naturforscher und Aerzte in Mainz.
1847 Amtlicher Bericht der Versammlung der Naturforscher und Aerzte in Aachen.
S. 157. Lage des Beckens im Hyperodon.
S. 210. Verwahrung gegen die Ansicht von vorweltlichen Thierfährten.
S. 218. Ueber die Aehnlichkeit des Archegosaurus mit den Labyrinthodonten.
S. 225. Ueber Nothosaurus aus Franken und von Jena.
S. 226. Psephophoros polygonus.
S. 256. Ueber Jäger's fossile Schildkrötenreste aus Württemberg.
S. 327. Frösche und Nager aus dem Lias von Aachen.
S. 828. Ansicht über die Kreide bei Aachen.

Verschiedenes
Frankfurt und das Münzwesen. Frankfurter Jahrbücher 1833. Nr. 8, 10, 12, 16.
Ersch und Gruber'sche Encyklopädie. Artikel „Petrefaktenkunde" u. a.
Lacépide's Alter der Natur und Geschichte des Menschengeschlechts, aus dem Französischen mit Vorrede und Anmerkungen von H. v. M. Frankfurt. 1830.
Ägypten nach Champollion-Figeac. Italien nach Artaud und Griechenland nach Fouqueville (von letzterem erschien nur Lief. 1.) nach dem Univers pittoresqne bearbeitet und erweitert von H. v. M. Frankfurt 1834.

Literatur

FRANZEN, Jens Lorenz / ROOS, Heiner / PROBST, Ernst (2009): Das Dinotherium-Museum in Eppelsheim. Führer durch die Ausstellung. Herausgegeben vom Förderverein Dinotherium-Museum e. V. Eppelsheim.
GÜMBEL, Wilhelm von (1885): Meyer, Hermann von. In: *Allgemeine Deutsche Biographie* (ADB), Band 21, Duncker & Humblot, Leipzig.
HERTLER, Christine (2001): Entwicklung als schöpferische Tätigkeit in der Natur – Das Evolutionskonzept C. E. Hermann von Meyers. In: KELLER, Thomas / STORCH, Gerhard (Herausgeber) (2001): Hermann von Meyer. Frankfurter Bürger und Begründer der Wirbeltierpaläontologie in Deutschland (*Kleine Senckenberg-Reihe*, Nr. 40), S. 8, Schweizerbart'sche Verlagsbuchhandlung, Stuttgart.
HESSISCHE BIOGRAFIE: Meyer, Johann Friedrich von https://www.lagis-hessen.de/pnd/118874470
HORNUNG, Jahn J. / SACHS, Sven (2003): Der Pionier der Wirbeltierpaläontologie C. E. Hermann von Meyer (1801–1869) und die Saurier der Pfalz. In: *Pfälzer Heimat,* Jahrgang 54, Heft 4, S. 139–146.
HUXLEY, Thomas Henry (1870): The life of Hermann Christian Erich von Meyer. The Anniversary Address of the President. In: *Quarterly Journal of the Geological Society* 26, XIX und XXXIV–XXXVI.
JORDAN, Hermann / MEYER, Hermann von (1854): Ueber die Crustaceen der Steinkohlenformation von Saarbrücken. In: *Palaeontographica,* Band 4, S. 1–15.

KELLER, Thomas / DUFFIN, Christopher (2001): Unbekannte Briefe Hermann von Meyers an Richard Owen und Charles Moore. In: KELLER, Thomas / STORCH, Gerhard (Herausgeber) (2001): Hermann von Meyer. Frankfurter Bürger und Begründer der Wirbeltierpaläontologie in Deutschland (*Kleine Senckenberg-Reihe,* Nr. 40), S. 33, Schweizerbart'sche Verlagsbuchhandlung, Stuttgart.
KELLER, Thomas / STORCH, Gerhard (Herausgeber) (2001): Hermann von Meyer. Frankfurter Bürger und Begründer der Wirbeltierpaläontologie in Deutschland (*Kleine Senckenberg-Reihe,* Nr. 40), Schweizerbart'sche Verlagsbuchhandlung, Stuttgart.
KLÖTZER, Wolfgang (Herausgeber) (1996): *Frankfurter Biographie. Personengeschichtliches Lexikon.* Zweiter Band, M–Z (Veröffentlichungen der Frankfurter Historischen Kommission, Band XIX, Nr. 2), Waldemar Kramer, Frankfurt am Main.
KUHN-SCHNYDER, Emil (1983): Georges Cuvier (1769–1832). *Weltenburger Akademie,* Erwin-Rutte-Festschrift, S. 143–150, Kelheim/Weltenburg.
MARTINI, Erlend (2001): Hermann von Meyer, E. C. Hassencamp und die Fossillagerstätte Sieblos a. d. Wasserkuppe/Rhön (Unter-Oligozän). In: KELLER, Thomas / STORCH, Gerhard (Herausgeber) (2001): Hermann von Meyer. Frankfurter Bürger und Begründer der Wirbeltierpaläontologie in Deutschland (*Kleine Senckenberg-Reihe,* Nr. 40), S. 343, Schweizerbart'sche Verlagsbuchhandlung, Stuttgart.
MEYER, Hermann von (1829): *Equus caballus primigenius.* In: *Neues Jahrbuch für Mineralogie, Geognosie, Geologie und Petrefakten-Kunde,* S. 150.

MEYER, Hermann von (1831): Briefliche Mitteilung an Prof. Bronn gerichtet. *Dinotherium Bavaricum.* In: *Neues Jahrbuch für Mineralogie, Geognosie, Geologie und Petrefakten-Kunde,* S. 296.
MEYER, Hermann von (1831): *Pleurosaurus goldfussi.* In: *Nova Acta Academiae Caesareae Leopoldino-Carolinae Germanicae Naturae Curiosorum* 15: S. 194–195.
MEYER, Hermann von (1832): Die Abteilung der Mineralien und fossilen Knochen im Museum der Senckenbergischen Gesellschaft in Frankfurt geordnet. In: *Neues Jahrbuch für Mineralogie, Geognosie, Geologie und Petrefakten-Kunde,* S. 268.
MEYER, Hermann von (1832): Palaeologica. Zur Geschichte der Erde und ihrer Geschöpfe, Frankfurt am Main.
MEYER, Hermann von (1833): *Gnathosaurus subulatus,* ein Saurus aus dem lithographischen Schiefer von Solenhofen. In: *Beiträge zur Petrefactenkunde,* 3–7.
MEYER, Hermann von (1833): Tabelle über die Geologie zur Vereinfachung derselben und zur naturgemäßen Classifikation der Gesteine, Nürnberg.
MEYER, Hermann von (1834): Die fossilen Zähne und Knochen und ihre Ablagerung in der Gegend von Georgensgmünd in Bayern, Frankfurt am Main.
MEYER, Hermann von (1834): Fossile Schildkröten im Torf (*Emys turfa*). In: *Museum Senkenbergianum,* S. 67.
MEYER, Hermann von (1835): Beiträge zu *Eryon,* einem Geschlechte fossiler langschwänziger Krebse.
MEYER, Hermann von (1836): Ueber *Onychoteuthis* und *Leptoteuthis.* In: *Neues Jahrbuch für Mineralogie, Geognosie, Geologie und Petrefakten-Kunde,* S. 55–56.
MEYER, Hermann von (1837): Briefliche Mitteilung an Prof. Bronn gerichtet. *Plateosaurus engelhardti.* In: *Neues Jahrbuch für Mineralogie, Geognosie, Geologie und Petrefakten-Kunde.*

MEYER, Hermann von (1839): *Eurysternum Wagleri*, Münster. Eine Schildkröte aus dem Kalkschiefer von Solnhofen. In: MÜNSTER, Georg Graf zu: *Beiträge zur Petrefaktenkunde*, S. 75–82.

MEYER, Hermann von (1840): Neue Gattungen fossiler Krebse aus Gebilden vom bunten Sandstein bis in die Kreide, Stuttgart.

MEYER, Hermann von (1841): *Thaumatosaurus oolithcus*. In: *Neues Jahrbuch für Mineralogie, Geognosie, Geologie und Petrefakten-Kunde*, S. 76.

MEYER, Hermann von (1843): Summarische Uebersicht der fossilen Wirbelthiere des Mainzer Tertiär-Beckens, mit besonderer Rücksicht auf Weisenau. In: *Neues Jahrbuch für Mineralogie, Geognosie, Geologie und Petrefakten-Kunde*, S. 379–410.

MEYER, Hermann von (1844): *Anchitherium Ezquerrae*. In: *Neues Jahrbuch für Mineralogie, Geognosie, Geologie und Petrefakten-Kunde*, S. 298.

MEYER, Hermann von (1844): Briefliche Mittheilung an Prof. Bronn gerichtet. *Apateon pedestris* in Schiefer von Münsterappel. In: *Neues Jahrbuch für Mineralogie, Geognosie, Geologie und Petrefakten-Kunde*.

MEYER, Hermann von (1845): Fauna der Vorwelt: 1. Abtheilung, Fossile Säugetiere, Vögel und Reptilien aus dem Molasse-Mergel von Oeningen, Frankfurt.

MEYER, Hermann von (1846): Mitteilungen an Professor Bronn gerichtet (*Palaeomeryx bojani*). In: *Neues Jahrbuch für Mineralogie, Geognosie, Geologie und Petrefakten-Kunde*.

MEYER, Hermann von (1847): *Homoesaurus maximiliani* und *Rhamphorhynchus (Pterodactylus) longicaudus*, zwei fossile Reptilien aus dem Kalkschiefer von Solnhofen im Naturaliencabinett Sr. kaiserl. Hoheit des Herzogs Maximilian von Leuchtenberg zu Eichstätt, Frankfurt.

MEYER, Hermann von (1847–1855): Fauna der Vorwelt: 2. Abtheilung, Die Saurier des Muschelkalks mit Rücksicht auf die Saurier aus Buntem Sandstein und Keuper, Frankfurt.
MEYER, Hermann von (1852): *Ctenochasma roemeri*. In: *Palaeontographica*, Band II, S. 82.
MEYER, Hermann von (1852): *Palaeobatrachus gigas* n. sp und *Rana Troscheli*. In: *Neues Jahrbuch für Mineralogie, Geognosie, Geologie und Petrefakten-Kunde*.
MEYER, Hermann von (1852): Ueber die Reptilien und Säugethiere der verschiedenen Zeiten der Erde. Zwei Reden, Frankfurt am Main.
MEYER, Hermann von (1856): Fauna der Vorwelt: 3. Abtheilung. Saurier aus dem Kupferschiefer der Zechsteinformation, Frankfurt.
MEYER, Hermann von (1856–1858): Reptilien aus der Steinkohlenformation in Deutschland. In: *Palaeontographica*, Band VI, S. 59–219.
MEYER, Hermann von (1857): Beiträge zur näheren Kenntnis fossiler Reptilien. In: *Neues Jahrbuch für Mineralogie, Geognosie, Geologie und Petrefakten-Kunde*, S. 532–543.
MEYER, Hermann von (1858): Reptilien aus der Steinkohlenformation in Deutschland, Cassel.
MEYER, Hermann von (1859): *Andrias Tschudii*. In: *Neues Jahrbuch für Mineralogie, Geognosie, Geologie und Petrefakten-Kunde*.
MEYER, Hermann von (1859): *Stenopelix Valdensis*, ein Reptil aus der Wealdenformation Deutschlands. In: *Palaeontographica*, Band VII, S. 25–34.
MEYER, Hermann von (1860): Fauna der Vorwelt: 4. Abtheilung, Reptilien aus dem lithographischen Schiefer in Deutschland und Frankreich, Frankfurt.
MEYER, Hermann von (1860): *Phanerosaurus Naumanni* aus dem Sandstein des Rotliegenden in Deutschland. In:

Palaeontographica, Band VII, S. 248.
MEYER, Hermann von (1861): Reptilien aus dem Stubensandstein des obern Keupers. In: *Palaeontographica,* Band VII, S. 253.
MEYER, Hermann von (1861): Vogel-Federn und Palpipes priscus von Solnhofen. In: *Neues Jahrbuch für Mineralogie, Geognosie, Geologie und Petrefakten-Kunde,* S. 561, Stuttgart.
MEYER, Hermann von (1861): Briefliche Mitteilung vom 30. September 1861 über *Archaeopteryx lithographica* (Vogel-Feder) und *Pterodactylus* von Solenhofen. In: *Neues Jahrbuch für Mineralogie, Geognosie, Geologie und Petrefakten-Kunde,* S. 678–679, Stuttgart.
MEYER, Hermann von (1862): Archaeopteryx lithographica aus dem lithographischen Schiefer von Solnhofen. In: *Palaeontographica* **10:** S. 53–56, Stuttgart.
MEYER, Hermann von (1867–1870): Studien über das Genus *Mastodon.* In: *Palaeontographica,* BAND XVII, S. 1–72.
MEYER, Hermann von / JORDAN, Hermann (1854): Ueber die Crustaceen der Steinkohlenformation von Saarbrücken. In: *Palaeontographica,* Band IV, S. 1–16.
MEYER, Hermann von / PLIENINGER, Theodor (1844): Beiträge zur Paläontologie Württembergs: Die fossilen Wirbelthierreste aus den Triasgebilden, mit besonderer Rücksicht auf die Labyrinthodonten des Keupers, Stuttgart.
PRIESNER, Claus (1994): Meyer, Christian Erich Hermann von Meyer. In: *Neue Deutsche Biographie (NDB),* Band 17, Duncker & Humblot, Berlin.
PROBST, Ernst (1986): Deutschland in der Urzeit. Von der Entstehung des Lebens bis zum Ende der Eiszeit, C. Bertelsmann, München.
PROBST, Ernst (2009): Der Ur-Rhein. Rheinhessen vor zehn Millionen Jahren, GRIN, München.

PROBST, Ernst (2010): Dinosaurier von L bis Z. Von Labocania bis Zupaysaurus, GRIN, München.
PROBST, Ernst (2011): Johann Jakob Kaup. Der große Naturforscher aus Darmstadt, GRIN, München.
PROBST, Ernst / WINDOLF, Raymund (1993): Dinosaurier in Deutschland, C. Bertelsmann, München.
REIN, Johannes Justus (1869): Nachruf auf Hermann von Meyer. In: Berichte der Senckenbergischen Naturforschenden Gesellschaft, S. 13–17, Frankfurt am Main.
ROTHAUSEN, Karlheinz (1988): Das Kalktertiär des Mainzer Beckens. Oberoligozän – Untermiozän, *Geologisches Jahrbuch,* Reihe A, Heft 110, Hannover.
SCHOCH, Rainer (2001): Von Riesenfröschen und kranken Krokodilen – H. v. Meyer und die Fossilagerstätte Rott. In: KELLER, Thomas / STORCH, Gerhard (Herausgeber) (2001): Hermann von Meyer. Frankfurter Bürger und Begründer der Wirbeltierpaläontologie in Deutschland (*Kleine Senckenberg-Reihe,* Nr. 40), S. 2, Schweizerbart'sche Verlagsbuchhandlung, Stuttgart.
SCHROTTROFF, Willy (1994): Meyer, Johann Friedrich von. In: *Neue Deutsche Biographie* 1, S. 290–292
https://www.deutsche-biographie.de/pnd118874470.html#ndbcontent
SCHWEIGERT, Günter (2001): Hermann von Meyer als Erforscher von Krebsen. In: KELLER, Thomas / STORCH, Gerhard (Herausgeber): Hermann von Meyer. Frankfurter Bürger und Begründer der Wirbeltierpaläontologie in Deutschland (*Kleine Senckenberg-Reihe,* Nr. 40), S. 5, Schweizerbart'sche Verlagsbuchhandlung, Stuttgart.
WIKIPEDIA (Online-Lexikon): Hermann von Meyer
https://de.wikipedia.org/wiki/Hermann_von_Meyer

WILD, Rupert (1999): Christian Erich Hermann von Meyer (1801–1869) – Der Erforscher der Trias-Saurier. In: HAUSCHKE, Norbert / WILDE, Volker (Herausgeber) (1999): Trias – eine ganz andere Welt. Mitteleuropa im frühen Erdmittelalter. Pfeil, München.
WILD, Rupert (2001): Hermann von Meyer als Erforscher der fossilien Reptilien. In KELLER, Thomas / STORCH, Gerhard (Herausgeber) (2001): Hermann von Meyer. Frankfurter Bürger und Begründer der Wirbeltierpaläontologie in Deutschland (*Kleine Senckenberg-Reihe,* Nr. 40), S. 42, Schweizerbart'sche Verlagsbuchhandlung, Stuttgart.
WELLNHOFER, Peter (2001): Hermann von Meyer und der Solnhofener Urvogel Archaeopteryx lithographica. In: KELLER, Thomas / STORCH, Gerhard (Herausgeber) (2001): Hermann von Meyer. Frankfurter Bürger und Begründer der Wirbeltierpaläontologie in Deutschland (*Kleine Senckenberg-Reihe,* Nr. 40), S. 11, Schweizerbart'sche Verlagsbuchhandlung, Stuttgart.
WINDOLF, Raymund (1989): Dinosaurier-Lexikon. Das aktuelle Wissen über die Dinosaurier, von ihren Anfängen bis zum Aussterben, Goldschneck-Verlag Werner K. Weidert, Korb.
ZITTEL, Karl Alfred von (1870): Denkschrift auf Christ. Erich Hermann von Meyer, G. Franz, München.

Register

Aldefeld, Wilhelm (Oberpostmeister, Schwager von Hermann von Meyer) 13
Allemagne, C. J. (Lithograph) 60
Andrias scheuchzeri (Riesensalamander) 37
Archaeopteryx lithographica (Urvogel) 4, 38, 47
Arnim, Achim von (Schriftsteller) 19
Arnim, Bettina von (Schriftstellerin) 19, 20
Bayerische Akademie der Wissenschaften 37, 53
Bronn, Heinrich Georg (Geologe, Paläontologe, akademischer Lehrer von Hermann von Meyer) 14, 15, 35
Bruch, Johann Carl Friedrich (Notar) 31
Buch, Johann Jakob Casimir (Apotheker und Privatgelehrter in Frankfurt am Main) 19
Cuvier, Georges (Pariser Wirbeltierpaläontologe) 8, 9, 43
Darwin, Charles (britischer Naturforscher) 44, 45
Dunker, Wilhelm (Mineraloge und Geologe in Marburg) 35, 36
Flugsaurier 48, 49
Foth, Christian (Paläontologe) 47, 49
Fresenius, Georg (Arzt und Botaniker in Frankfurt am Main) 29
Gmelin, Leopold (Mineraloge, Pharmakologe, akademischer Lehrer von Hermann von Meyer) 17, 19
Gümbel, Wilhelm von (Geologe in München) 59
Häberlin, Justus (Jusitzrat) 53
Harder, Heinrich (Tiermaler in Berlin) 24
Hassencamp, Ernst (Apotheker, Geologe und Paläontologe in Weyhers und Fulda) 59

Hegel, Georg Wilhelm Friedrich (Philosoph) 22, 23
Hornung, Jahn (Geologe) 60
Humboldt, Alexander von (Naturforscher) 19, 21
Jachenhausen bei Riedenburg in Bayern 47, 48
Kaup, Johann Jakob (Naturforscher in Darmstadt) 23, 26
Keller, Thomas (Paläontologe in Wiesbaden) 59, 60
Kessler, Mario (Maler) 41
Kinkelin, Friedrich (Leiter der Sektion Geologie/ Paläontologie am Senckenberg-Museum in Frankfurt am Main) 55
Klötzer, Wolfgang 59
Kobell, Franz von (Mineraloge in München) 55
Küfer, Georg (Geburtsname von Georges Cuvier) 9
Launitz, Eduard Schmidt von der (Bildhauer und Kunsthistoriker) 60
Leonhard, Karl Cäsar von (Mineraloge, akademischer Lehrer von Hermann von Meyer) 15, 16, 35
Martini, Erlend (Mikropaläontologe in Frankfurt am Main) 59
Meyer, Amanda von, verheiratete Schanzenbach (Schwester von Hermann von Meyer) 13
Meyer, Heinrich Anton von (Onkel von Hermann von Meyer) 13
Meyer, Hermann von 3, 6, 49
Geburt 9, 61
Gymnasiumbesuch 13, 61
Arbeit in einer Glasfabrik in Kahl 15, 61
Lehre im Bankhaus seines Onkels Johann Georg von Meyer 15, 61
Studium an der Universität Heidelberg 15, 61
Studium an der Universität München 19, 61

Rückkehr zu den Eltern nach Frankfurt am Main 19, 61
Aufnahme als „wirkliches Mitglied" der „Senckenbergischen Naturforschenden Gesellschaft" in Frankfurt am Main 19, 61
Fortsetzung des naturwissenschaftlichen Studiums in Berlin 19, 61
Leiter eines Instituts für Glasmalerei in Nürnberg 23, 61
Besuch der Fossilfundstellen Solnhofen und Georgensgmünd in Franken und Eppelsheim in Rheinhessen 23, 61
Erscheinen des Werkes „Palaeontologica zur Geschichte der Erde und ihrer Geschöpfe" 27, 63
Mitbegründer der Zeitschrift „Museum Senkenbergianum) zusammen mit Georg Fresenius und August Emanuel Ritter von Reuss in Frankfurt am Main 29
Erstbeschreibung des ersten in Deutschland entdeckten Dinosauriers *Plateosaurus engelhardti* 29, 62
Aufgabe seines Ehrenamtes als Abteilungsleiter (Sektionär) für Osteologie im Bereich Zoologie der „Senckenbergischen Naturforschenden Gesellschaft" wegen starker Arbeitsbelastung als „Bundescassen-Controlleur" 321
Erstbeschreibung des ersten in Deutschland entdeckten Dinosauriers, den Meyer *Plateosaurus engelhardti* nennt 29, 62
Ernennung zum „Bundescassen-Controlleur" in der Finanzverwaltung des ersten „Deutschen Bundestages" in Frankfurt am Main 31, 62
Ehrenamt als Abteilungsleiter (Sektionär) für Osteologie im Bereich Zoologie der „Senckenbergischen Naturforschenden Gesellschaft" in Frankfurt am Main 62
Untersuchung fossiler Tierreste aus Weisenau bei Mainz 31, 33
Ernennung zum Ehrendoktor durch die philosophische Fakultät der Universität Würzburg 34

Veröffentlichung des Hauptwerkes „Fauna der Vorwelt"
(1845–1860) 35, 62
Mitbegründer der Zeitschrift „Palaeontographica"
zusammen mit dem Marburger Mineralogen Wilhelm
Dunker 35, 63
Erscheinen des Hauptwerkes „Fauna der Vorwelt" 35
Erstbeschreibungen von Urzeittieren 39
Urzeugung (Generatio aequivoca) 43
Tod der Eltern 45, 63
Schenkungen an die „Senckenbergische Naturforschende
Gesellschaft" in Frankfurt am Main 46, 50
Erster Direktor der „Senckenbergischen Naturforschenden
Gesellschaft" in Frankfurt am Main 46, 63
Tagebuch 47
Erstbeschreibung des Dinosauriers *Stenopelix valdensis* 63
Ruf als ordentlicher Professor der Geologie und
Paläontologie an die Universität Göttingen 46, 63
Irrtum bei der Identifizierung eines Sauriers aus
Jachenhausen bei Riedenburg in Bayern 47
Erstbeschreibung der Feder des Urvogels *Archaeopteryx lithographica* 63
Ernennung zum „Bundescassier" (Finanzdirektor) des
„Deutschen Bundestages" in Frankfurt am Main 47, 63
Benennung eines Berges in Neuseeland als Mount Meyer
50, 63
Diplome von 34 Gesellschaften 50
Liquidation der Bundeskasse 51
Pensionierung 51
Endgültiger Ruhestand 51
Teilnahme an Sitzungen der „Senckenbergischen
Naturforschenden Gesellschaft" 51

Augenleiden 53
Blutarmut 53
Schlaganfälle 53
Sehkraft 53
Tod in Frankfurt am Main 53
Nachruf 53, 55
Schriftenverzeichnis 56
Diplome von Hermann von Meyer 57
200. Geburtstag 59
Festkolloquium 59
Daten im Leben 61
Meyer, Johann Anton von (Großkaufmann und Fabrikant (Großvater väterlicherseits von Hermann von Meyer) 13
Meyer, Johann Friedrich von (Theologe, Jurist, Politiker, Vater von Hermann von Meyer) 9, 11, 12, 45
Meyer, Johann Georg (Bankier, Onkel von Hermann von Meyer) 13, 15
Meyer, Julie Magdalena Catharina Franziska von, verheiratete von Stengel (Schwester von Hermann von Meyer) 13
Meyer, Karl Franz von (im Kindesalter gestorbener Bruder von Hermann von Meyer) 13
Meyer, Maria Magdalena Franziska von, geborene Zwackh (Mutter von Hermann von Meyer) 9, 45
Meyer, Philipp Anton Guido von (Bruder von Hermann von Meyer) 13
Meyer, Sophie Friederike von, verheiratete Aldefeld (Schwester von Hermann von Meyer) 13
Miltenberg, Wilhelm Adolph (Mineraloge, Lehrer von Hermann von Meyer) 13
Moore, Charles 59
Mörs, Thomas 59

Mount Meyer (Berg in Neuseeland) 50
Neuburg, Johann Georg (Direktor der „Senckenbergischen Naturforschenden Gesellschaft" in Frankfurt am Main) 37
Neues Jahrbuch für Mineralogie, Geognosie, Geologie und Petrefakten-Kunde (ab 1863: Neues Jahrbuch für Mineralogie, Geologie und Palaeontologie) 35, 45
Ostromia crassipes (vogelähnlicher Raubdinosaurier) 47, 48, 49
Ostrom, John H. (amerikanischer Wirbeltierpaläontologe) 47, 49
Owen, Richard (Londoner Paläontologe) 39, 42, 59
Plateosaurus engelhardti (erster in Deutschland entdeckter Dinosaurier) 29 40
Plieninger, Theodor (Paläontologe und Naturwissenschaftler in Stuttgart) 34
Poppe, Johann Heinrich Moritz von (Mathematiker, Physiker und Lehrer von Hermann von Meyer) 13
Priesner, Claus (Wissenschaftshistoriker in München) 59
Probst, Ernst 40, 60 (Wissenschaftsautor in Wiesbaden)
Rath (Bergsekretär in Wiesbaden) 31
Rauhut, Oliver (Wirbeltierpaläontologe in München) 47, 49
Rein, Johannes Justus (Geograph, ehemaliger Direktor der Senckenbergischen Naturforschenden Gesellschaft in Frankfurt am Main) 52, 53
Rheinische Naturforschende Gesellschaft in Mainz 31
Rüppell, Eduard (Naturwissenschaftler in Frankfurt am Main) 32, 33
Sachs, Sven (Paläontologe) 60
Schäfer, Peter 59
Schanzenbach, Konrad (Schwager von Hermann von Meyer) 13
Scheuchzer, Johann Jacob (Stadtarzt und Mathematikprofessor in Zürich) 27, 37

Schoch, Rainer R. (Paläoherpetologe in Stuttgart) 59
Schwarz, Johann von (Kaufmann in Nürnberg) 23
Senckenbergische Naturforschende Gesellschaft in Frankfurt am Main 19, 27, 33, 35, 46, 50, 51, 53
Senckenberg-Museum, altes 34
Senckenberg-Museum, neues 34
Sömmering, Theodor von (Anatom, Anthropologe, Erfinder) 18, 19
Stengel, Carl Albert Leopold Freiherr von (Schwager von Hermann von Meyer) 13
Stenopelix valdensis (von Hermann von Meyer 1859 erstmals beschriebener Dinosaurier) 41
Storch, Gerhard (Paläontologe in Frankfurt am Main) 59, 60
Struve, Wolfgang (Paläontologe) 15, 55, 60
Teylers Museum in Haarlem (Niederlande) 47, 48
Ur-Rhein 25
Urvogel 48, 49
Wellnhofer, Peter (Paläontologe in München, Experte für Flugsaurier und Urvögel) 59
Wendler, Fritz (Kunstmaler) 40
Wetterauische Gesellschaft für die gesammte Naturkunde 25
Wild, Rupert (Wirbeltierpaläontologe in Stuttgart) 59
Windolf Raymund (Paläontologe) 41, 60
Wöhler, Friedrich (Chemiker, Freund von Hermann von Meyer) 12, 13
Zittel, Karl Alfred von (Geologe und Paläontologe in München) 54, 55, 60
Zwackh auf Holzhausen, Franz Xaver von Zwackh (Politiker, Großvater mütterlicherseits von Hermann von Meyer) 9, 10

Landschaft mit Pflanzen und Tieren aus der Oberjurazeit vor etwa 150 Millionen Jahren.
Bild: Gemälde von Fritz Wendler (1941–1995) für das Buch „Deutschland in der Urzeit" (1986) von Ernst Probst

Landschaft mit Pflanzen und Tieren aus der Unterkreidezeit vor etwa 120 Millionen Jahren.
Bild: Gemälde von Fritz Wendler (1941–1995) für das Buch „Deutschland in der Urzeit" (1986) von Ernst Probst

Der Autor

Ernst Probst, 1946 in Neunburg vorm Wald (Oberpfalz) geboren, war von 1973 bis 2001 verantwortlicher Redakteur bei der „Allgemeinen Zeitung" in Mainz und betätigte sich in seiner Freizeit als Wissenschaftsautor. Ab 1977 beschäftigte er sich mit der Erdgeschichte Deutschlands, zunächst als Fossiliensammler im Mainzer Becken, später als Verfasser von Artikeln für Tages- und Wochenzeitungen in Deutschland, Österreich und der Schweiz. Die „Welt" nannte sein 1986 erschienenes Buch „Deutschland in der Urzeit" ein „Glanzstück deutscher Wissenschaftspublizistik". Bis heute veröffentlichte er mehr als 300 Bücher, Taschenbücher und Broschüren aus den Themenbereichen Paläontologie, Kryptozoologie, Archäologie und Geschichte.

Bücher von Ernst Probst

(Auswahl)

Als Mainz noch nicht am Rhein lag
Archaeopteryx. Die Urvögel in Bayern
Der Europäische Jaguar
Der Mosbacher Löwe. Die riesige Raubkatze aus Wiesbaden
Der Rhein-Elefant. Das Schreckenstier von Eppelsheim
Der Ur-Rhein. Rheinhessen vor zehn Millionen Jahren
Deutschland im Eiszeitalter
Deutschland in der Frühbronzezeit
Deutschland in der Mittelbronzezeit
Deutschland in der Spätbronzezeit
Die Aunjetitzer Kultur in Deutschland
Die Straubinger Kultur in Deutschland
Die Singener Gruppe
Die Arbon-Kultur in Deutschland
Die Ries-Gruppe und die Neckar-Gruppe
Die Adlerberg-Kultur
Der Sögel-Wohlde-Kreis
Die nordische Bronzezeit in Deutschland
Die Hügelgräber-Kultur in Deutschland
Die ältere Bronzezeit in Nordrhein-Westfalen
Die Bronzezeit in der Lüneburger Heide
Die Stader Gruppe
Die Oldenburg-emsländische Gruppe
Die Urnenfelder-Kultur in Deutschland
Die ältere Niederrheinische Grabhügel-Kultur
Die Unstrut-Gruppe

Die Helmsdorfer Gruppe
Die Saalemündungs-Gruppe
Die Lausitzer Kultur in Deutschland
Die Dolchzahnkatze Megantereon
Die Dolchzahnkatze Smilodon
Die Säbelzahnkatze Homotherium
Die Säbelzahnkatze Machairodus
Die Schweiz in der Frühbronzezeit
Die Rhône-Kultur in der Westschweiz
Die Arbon-Kultur in der Schweiz
Die Schweiz in der Mittelbronzezeit
Die Schweiz in der Spätbronzezeit
Deutschland in der Urzeit. Von der Entstehung des Lebens bis zum Ende der Eiszeit
Deutschland in der Steinzeit. Jäger, Fischer und Bauern zwischen Nordseeküste und Alpenraum
Deutschland in der Bronzezeit. Bauern, Bronzegießer und Burgherren zwischen Nordsee und Alpen
Dinosaurier in Deutschland (zusammen mit Raymund Windolf)
Dinosaurier von A bis K. Von Abelisaurus bis zu Kritosaurus
Dinosaurier von L bis Z. Von Labocania bis zu Zupaysaurus
Dinosaurier in Bayern. Von Cetiosauriscus bis zu Sciurumimus
Der rätselhafte Spinosaurus. Leben und Werk des Forschers Ernst Stromer von Reichenbach
Plateosaurus. Der Deutsche Lindwurm (zusammen mit Raymund Windolf)
Liliensternus. Ein Raubdinosaurier aus der Triaszeit (zusammen mit Raymund Windolf)

Procompsognathus. Zwei Köpfe und eine geheimnisvolle Hand (zusammen mit Raymund Windolf)
Ohmdenosaurus. Die Echse aus Ohmden (zusammen mit Raymund Windolf)
Emausaurus. Der erste Dinosaurier aus Mecklenburg-Vorpommern (zusammen mit Raymund Windolf)
Wiehenvenator. Der Jäger des Wiehengebirges
Lexovisaurus. Kein Stegosaurier im Wiehengebirge (zusammen mit Raymund Windolf)
Barkhausen. Dinosaurierspuren an der Wand (zusammen mit Raymund Windolf)
Raubdinosaurier in Bayern. Von Archaeopteryx bis zu Sciurumimus
Compsognathus. Der Zwergdinosaurier aus Bayern (zusammen mit Raymund Windolf)
Juravenator. Der Jäger des Juragebirges
Stenopelix. Papageienschnabel oder Dickschädel? (zusammen mit Raymund Windolf)
Münchehagen. Riesendinosaurier am Strand (zusammen mit Raymund Windolf)
Eiszeitliche Geparde in Deutschland
Eiszeitliche Leoparden in Deutschland
Höhlenlöwen. Raubkatzen im Eiszeitalter
Johann Jakob Kaup. Der große Naturforscher aus Darmstadt
Monstern auf der Spur. Wie die Sagen über Drachen, Riesen und Einhörner entstanden
Neues vom Ur-Rhein. Interview mit dem Geologen und Paläontologen Dr. Jens Sommer
Österreich in der Frühbronzezeit
Österreich in der Mittelbronzezeit
Österreich in der Spätbronzezeit

Raub-Dinosaurier von A bis Z. Mit Zeichnungen von
Dmitry Bogdanav und Nobu Tamura
Rekorde der Urmenschen. Erfindungen, Kunst und
Religion
Rekorde der Urzeit. Landschaften, Pflanzen und Tiere
Säbelzahnkatzen. Von Machairodus bis zu Smilodon
Säbelzahntiger am Ur-Rhein. Machairodus und
Paramachairodus
Was ist ein Menhir? Interview mit dem Mainzer
Archäologen Dr. Detert Zylmann
Wer ist der kleinste Dinosaurier? Interviews mit dem
Wissenschaftsautor Ernst Probst
Wer war der Stammvater der Insekten? Interview mit dem
Stuttgarter Biologen und Paläontologen Dr. Günther Bechly
Kastel in der Vorzeit. Von der Jungsteinzeit bis Christi
Geburt
Kostheim in der Vorzeit. Von der Jungsteinzeit bis Christi
Geburt
Die Altsteinzeit. Eine Periode der Steinzeit in Europa vor
etwa 1.000.000 bis 10.000 Jahren
Anno. 1.000.000. Deutschland in der älteren Altsteinzeit
Wiesbaden in der Steinzeit. Von Eiszeit-Jägern zu frühen
Bauern
Österreich in der Altsteinzeit. Vor 250.000 bis 10.000 Jahren
Das Protoacheuléen. Eine Kulturstufe der Altsteinzeit vor
etwa 1,2 Millionen bis 600.000 Jahren
Das Altacheuléen. Eine Kulturstufe der Altsteinzeit vor etwa
600.000 bis 350.000 Jahren
Das Jungacheuléen. Eine Kulturstufe der Altsteinzeit vor
etwa 350.000 bis 150.000 Jahren
Das Spätacheuléen. Eine Kulturstufe der Altsteinzeit vor
etwa 150.000 bis 100.000 Jahren

Die Lanze von Lehringen. Der Jahrhundertfund aus der
Altsteinzeit
Das Moustérien. Die große Zeit der Neanderthaler
Das Moustérien in Österreich. Eine Kulturstufe der
Altsteinzeit
Das Aurignacien. Eine Kulturstufe der Altsteinzeit vor
etwa 40.000 bis 31.000 Jahren
Das Aurignacien in Österreich. Eine Kulturstufe der
Altsteinzeit
Das Gravettien. Eine Kulturstufe der Altsteinzeit vor etwa
35.000 bis 24.000 Jahren
Das Gravettien in Österreich. Eine Kulturstufe der
Altsteinzeit
Das Magdalénien. Die Blütezeit der Rentierjäger vor etwa
18.000 bis 14.000 Jahren
Das Magdalénien in Österreich. Eine Kulturstufe der
Altsteinzeit
Das Magdalénien in der Schweiz
Die Federmesser-Gruppen. Eine Kulturstufe der
Altsteinzeit vor etwa 14.000 bis 12.800 Jahren
Das Steinzeit-Grab von Bonn-Oberkassel. Ein rätselhafter
Fund aus der Zeit der Federmesser-Gruppen
Die Mittelsteinzeit
Deutschland in der Mittelsteinzeit
Die Mittelsteinzeit in Baden-Württemberg
Die Mittelsteinzeit in Bayern
Die Mittelsteinzeit in Rheinland-Pfalz
Die Mittelsteinzeit in Hessen
Die Mittelsteinzeit in Nordrhein-Westfalen
Die Mittelsteinzeit in Niedersachsen
Die Mittelsteinzeit in Thüringen, Sachsen-Anhalt, Sachsen
und im südlichen Brandenburg

Die Mittelsteinzeit in Schleswig-Holstien, Mecklenburg und im nördlichen Brandenburg
Die Jungsteinzeit. Eine Periode der Steinzeit vor etwa 5.500 bis 2.300 v. Chr.
Die ersten Bauern in Deutschland. Die Linienbandkeramische Kultur (5.500 bis 4.900 v. Chr.)
Die Ertebölle-Ellerbek-Kultur. Eine Kultur der Jungsteinzeit vor etwa 5.000 bis 4.300 v. Chr.
Die Stichbandkeramik. Eine Kultur der Jungsteinzeit vor etwa 4.900 bis 4.500 v. Chr.
Die Oberlauterbacher Gruppe. Eine Kulturstufe der Jungsteinzeit vor etwa 4.900 bis 4.500 v. Chr.
Die Hinkelstein-Gruppe. Eine Kulturstufe der Jungsteinzeit vor etwa 4.900 bis 4.800 v. Chr.
Die Rössener Kultur. Eine Kultur der Jungsteinzeit vor etwa 4.600 bis 4.300 v. Chr.
Die Kupferzeit. Wie die ersten Metalle in Mitteleuropa bekannt wurden
Die Michelsberger Kultur. Eine Kultur der Jungsteinzeit vor etwa 4.300 bis 3.500 v. Chr.
Das Rätsel der Großsteingräber. Die nordwestdeutsche Trichterbecher-Kultur vor etwa 4.300 bis 3.000 v. Chr.
Die Baalberger Kultur. Eine Kultur der Jungsteinzeit vor etwa 4.300 bis 3.700 v. Chr.
Pfahlbauten in Süddeutschland. Dörfer der Jungsteinzeit und Bronzezeit an Seen, Mooren und Flüssen
Die Altheimer Kultur / Die Pollinger Gruppe. Zwei Kulturen der Jungsteinzeit vor etwa 3.900 bis 3.500 v. Chr.
Die Salzmünder Kultur. Eine Kultur der Jungsteinzeit vor etwa 3.700 bis 3.200 v. Chr.
Die Chamer Gruppe. Eine Kulturstufe der Jungsteinzeit vor etwa 3.500 bis 2.700 v. Chr.

Die Wartberg-Kultur. Eine Kultur der Jungsteinzeit vor etwa 3.500 bis 2.800 v. Chr.
Die Walternienburg-Bernburger Kultur. Eine Kultur der Jungsteinzeit vor etwa 3.200 bis 2.800 v. Chr.
Die Kugelamphoren-Kultur. Eine Kultur der Jungsteinzeit vor etwa 3.100 bis 2.700 v. Chr.
Die Schnurkeramischen Kulturen. Kulturen der Jungsteinzeit vor etwa 2.800 bis 2.400 v. Chr.
Die Einzelgrab-Kultur. Eine Kultur der Jungsteinzeit vor etwa 2.800 bis 2.300 v. Chr.
Die Schönfelder Kultur. Eine Kultur der Jungsteinzeit vor etwa 2.800 bis 2.200 v. Chr.
Die Glockenbecher-Kultur. Eine Kultur der Jungsteinzeit vor etwa 2.500 bis 2.200 v. Chr.
Die ersten Bauern in Österreich. Die Linienbandkeramische Kultur vor etwa 5.500 bis 4.900 v. Chr.
Die Lengyel-Kultur in Österreich. Eine Kultur der Jungsteinzeit vor etwa 4.900 bis 4.400 v. Chr.
Die Mondsee-Gruppe. Eine Kulturstufe der Jungsteinzeit vor etwa 3.700 bis 2.900 v. Chr.
Die Badener Kultur in Österreich. Eine Kultur der Jungsteinzeit vor etwa 3.600 bis 2.900 v. Chr.
Die ersten Pfahlbauten in der Schweiz. Die Anfänge der Pfahlbauforschung und die Egolzwiler Kultur
Die Cortaillod-Kultur. Eine Kultur der Jungsteinzeit vor etwa 4.000 bis 3.500 v. Chr.
Die Pfyner Kultur in der Schweiz. Eine Kultur der Jungsteinzeit vor etwa 4.000 bis 3.500 v. Chr.
Die Horgener Kultur in der Schweiz. Eine Kultur der Jungsteinzeit vor etwa 3.500 bis 2.800 v. Chr.
Die Schnurkeramiker in der Schweiz. Eine Kultur der Jungsteinzeit vor etwa 2.800 bis 2.400 v. Chr.

www.ingramcontent.com/pod-product-compliance
Lightning Source LLC
Chambersburg PA
CBHW070653220526
45466CB00001B/426